絶対にギブアップしたくない人のための成功する農業

岩佐大輝
株式会社GRA 代表取締役CEO

はじめに

この本は、ツテもなく、農業に関する知識もそんなにない人に向けた新規就農本です。

2016年の日本の新規就農者は約6万150人。

49歳以下の就農者数に限ると2万2050人。

でも、きっとそれ以上に、本当は農業に興味があって、でもどこから動いていいかわからない——それがわかりさえすれば、やってみたいという人が、たくさんいるはずです。

この本は、そういう人に向けられたものです。

僕は〝食べる宝石〟と謳ったブランド「ミガキイチゴ」を展開する農業生産法人「株式会社GRA」の代表としての経験をもとに、農業経営について全国各地で講演をしたり、テレビ番組『ガイアの夜明け』などをはじめ、マスメディアでもさまざまなことをお話ししたりしてきました。

講演を重ねるなかで、「農業をはじめたい」と思っている人が近年増えていることを実感しています。

とりわけ、家庭を持つ現役世代が転職して就農を希望しているケースが多いように思います。また、企業が新規事業として農業に取り組みたいと考えるケースも多く、その真剣味も増してきています。


2011年に東日本大震災で故郷が被災したことをきっかけに、僕は株式会社GRAを立ち上げ、宮城県山元町でイチゴを作りはじめました。

それまではIT企業の経営をしていて(いまも辞めたわけではありませんが)、農業のことはほとんど何も知らなかったのです。

そんな人間が、いざ「農業をやろう」と思ったときにわかったのは「新規就農に関する情報がとっちらかりすぎていて、めちゃくちゃ不便だ」ということです。

また、この本に行き着いたみなさんはご存じかもしれませんが、どういうわけか新規就農に関する本は「俺の成功談」やエッセイみたいなものが多いのです。もちろん、成功された先人の発言には、勉強になることも多い。でもこう言ってはなんですが、汎用性がないこともたしかです。

そういう本を書いている人たちは、自ら試行錯誤しながら少量多品目生産や観光農園に行き着き、成功したわけですが、だからといって、その手法は決して万人にすすめられるものではありません。

そんなわけで、僕自身が就農にあたって、どこから手を付けていいものかと迷子になりかけた経験があります。

無知だったせいで、事前に申請すればもらえた補助金をもらいそこねたりもしました。

この本では、僕のような苦労をしなくて済むように、農業をはじめるときに考えるべき手順を整理してお伝えします。あるていどはどんな就農希望者でも使える、汎用性のあるものを提供したいと思っています。

個人にしろ企業にしろ、就農についての不安や疑問（どこから考えればいいのかわからない、も含めて）、およびその解決方法は通じる部分が多いのです。

世の中に数ある新規就農本のように、自分の成功体験に基づいて「これをやれ！」とひとつの手法について言い切っておすすめしたほうが、メッセージとしてはわかりやすいのでしょう。

僕のように「農業でやっていくには、いろんなルートがある」「自分の望むワークスタイル、生活スタイルを考えよう。自分に合っていなければ、誰かのマネをしてみたところで、苦痛なだけだ」と言うと、歯切れが悪く聞こえるかもしれません。

しかし僕は、ひとつのやり方を押しつけるのではなく、この本を読んだ人が「考える手順がわかり、自分で考える力が身につく」ようにしたいのです。それに共感してくれる人に読んでほしいな、と思っています。

もちろん、もう「やるぞ！」という気になっている人だけでなく、もうちょっと手前の「農業やってみたいけど、でもなあ……」という不安を抱えている人もいるでしょう。

安定した収入が得られるのか、都会から地方に移住して大丈夫だろうか、といった疑問が典型的なものです。

この本では、まずはそうした「よくある疑問」にお答えし、そのあとで、農業をはじめるときに押さえるべきポイントをお伝えします。

農業はどんな作物・作型を選ぶのか、どんなふうに働くのかといったことを自分であるていど設計でき、自由度は高いです。

また、声を大にして言いたいのは、他の職業では得られない喜びがたくさんある、ということです。

ただもちろん、他の産業に比べてラクな仕事とまでは言えません。

思わぬ落とし穴にはまるリスクだってあります。

ただし、自分にとってなるべく苦にならない働き方にすることはできますし、ほとんどのリスクは、施策の組み合わせによって下げることができます。

そのためには事前に何を準備し、どのようにはじめるかが重要です。就農前の準備によって、その後が大きく変わるのです。

また、これから詳しく書いていきますが、農業には中長期的なビジョンが不可欠です。いくら瞬間的に稼げたとしても、それだけでは成功とは言えません。もっとも重要なことは「いかにして続けていくか」です。農業の面白さや難しさは、この1点に集約されていると言っても過言ではありません。


この本を使えば、自分が農業をやりたい理由（やる目的）が確認でき、自分の望むライフスタイルに合わせて選択肢があるていど絞れ、収益のシミュレーションもできる。どのくらい働いて、どのくらいの収入になりそうかがわかるようになる――そんなところまで、読者のあなたをお連れしたいと思います。

それでは、絶対にギブアップしない農業をはじめましょう。

目次

構成
山田和正（C&B Production）

ブックデザイン
吉村 亮　眞柄花穂　大橋千恵　望月春花（Yoshi-des.）

イラスト
望月春花（Yoshi-des.）

第1部
農業についてのよくある疑問と不安

農業って儲かるの？

●農家の「見かけの所得の低さ」に騙されるな

農業は儲かるのか？　これは就農希望者が絶対に気にするポイントです。

もちろんひとことで「儲かる」と言っても、イメージは人それぞれだと思います。手取りで300万でいいのか、600万なのか、1000万なのか、はたまた企業として農業に参入したい場合には、売上のケタがひとつふたつ違うものを求めていることもあるでしょう。

ですから、答えとしては「ケースバイケース」ということになります。

……が、そんな答えでは、納得がいかないですよね。

ただ世間では「農家の収入は低い」というイメージがあるから、わざわざみなさん「儲かるの？　食っていけるの？」と気にされているのでしょう。

ひとつ言いたいのは、農家の見かけの所得はたしかに低いです。

農林水産省の「農業経営に関する統計（1）」によれば、平成28年の販売農家（経営耕地面積が30アール以上または調査期日前1年間における農産物販売金額が50万円以上の農家）の農業所得は185万円。

主業農家（販売農家のうち、農業所得が農外所得よりも大きく、1年間に60日以上自営農業に従事している、65歳未満の世帯員がいる農家）の農業所得は649万円。

もちろん農業所得以外の所得もあるため、販売農家の総所得は521万円、主業農家の総所得は788万円です。

厚生労働省の「国民生活基礎調査」によれば、平成27年の1世帯あたりの平均所得額は545・8万円ですから、販売農家の場合は世の中の平均所得よりも低いことになります。

農水省が公開しているこれらのデータを元に「個人の農家は、普通は年間180万くら

農家の所得の動向（1経営体あたり）

単位：万円

	平成24年	25年	26年	27年	28年
販売農家総所得	476	473	456	496	521
うち 農業所得	135	132	119	153	185
農業依存度（%）	46.3	46.2	44.7	50.7	56.8
主業農家総所得	631	639	634	704	788
うち 農業所得	502	505	499	558	649
農業依存度（%）	92.3	92.3	92.4	92.8	93.1

注：農業依存度＝農業所得÷（農業所得＋農業生産関連事業所得＋農外所得）×100
（農林水産省HP「農業経営に関する統計（1）」より）

いしか農業では稼げない」と言う人がいます。兼業でやって、なんとか食えているのだ、と。

しかし、僕の知り合いには、たとえばほとんど毎日焼き肉屋に行っているような農家がいます。

所得が低いはずなのに、おかしいですよね？

どういうことかと言うと、先輩農家が後輩農家におごっているのを、経費として落としていたりするのです。

最近は農業への法人の参入が増えていますが、昔ながらの農家は、いわゆる個人事業主や中小企業としてやっていることがほとんどです。

人間の心理として、税金はたくさん払いたくありません。

それで飲み食いに使ったお金を経費として申告したり、いい車を買って会社の所有物にしたりして、わざと所得を落としているのです。

個人事業では、収入（売上）から事業に必要な経費を引いたものが所得です。農業所得も同じです。「農業粗収益」（農業経営によって得られた総収益額）から「農業経営費」（農業経営にかかったすべての経費）を引いたものが農業所得です。

所得がサラリーマンでいうところの給料（手取り）です。その所得に応じて住民税などの税金の額が決まります。

上場している大企業では、利益（売上から費用を引いたもの）がたくさん出ないと、株主から突き上げられます。

でも個人事業主や中小企業では、むしろ税金を払いたくないので、決算のときに費用をたくさん申告し、所得を少なく見せようとする傾向があります。

いずれにしても「農家の収入は低い」という話は、「見かけ上、低くしたい人が多い」という事情を理解した上で聞く必要があります。

こういうこともあって、農業界では費用を引く前の売上ベースで語ろうとすることも多いのですが、それはそれで業界外の人からすると余計にわかりにくくさせている部分があります。

収益シミュレーションの作り方については第2部でじっくりやりますから、それを参考に「儲かるのか？」を検討してみてください。

作物を作ったのに、売れなかったらどうするの？

●農業では市場に卸すかぎり「まったく売れない」ことはない

農作物をせっかく作ったのに、全然売れない場合はあるのでしょうか。

農業に関しては、市場は作ったものを受け取って売る「引き受け義務」（「受託拒否の禁止」）が「卸売市場法」という法律で決められています。

市場は、築地市場や大田市場をはじめ、日本中にあります（正確に言うと、①中央卸売市場、②地方卸売市場、③その他の卸売市場があります）。

これらの市場は、農家が持ち込んだものについて取り扱い、委託販売する義務を負っています。市場はあくまで仲介業者ですから、市場が全部買ってくれるわけではないですが、持っていきさえすれば、最低1円、2円であっても作物に値段を付けて売ってくれる業者が見つかる、ということです。

この「まったく売れない」ことがないのが、工業製品と違う、農業のいいところです。工業製品では規格が古くなってしまったら昔の製品は捨てるしかない、ということがあります。また、サービス業でも、お客さんが来なければ収入がゼロになってしまいます。

しかし農業では、市場に出しさえすれば売れるのです。

でも、「1円でも買い取ってくれると言われても、本当に1円で買われたら困るよね」「安く買い取られたら、やっぱり損してしまうのでは」と思うかもしれません。

もちろん、もともと単価の安い作物が大豊作になったり、または大量に市場に流通するシーズンに出荷した場合では、実際1円、2円になる可能性もあります。

ですが、基本的にはそんなむちゃくちゃな値付けはされません。

売る前に、相場はだいたいわかるのです。

どの作物が市場平均いくらで売買されているのかは、農林水産省のサイトで品目別に調べることが簡単にできます。たとえば「青果物卸売市場調査」を見てください。

また、農水省のサイトでは、

・単位面積あたりの平均的な収穫量

・出荷量

なども品目別に調べることができます。

つまり、自分の農場の大きさ（作付面積）と作る品目が決まれば、売上の予測はあるていど立てられます。

どの市場に卸すかによっても価格の相場は変わりますが、各市場の価格の動きはネット上で調べられます。また、卸売業者から教えてもらうこともできます。

●直販や契約栽培にもそれぞれメリット・デメリットはある

もちろん、そうは言っても市場価格の変動がないわけではありません。ですから市場に売る場合は「確実にこのくらい売上がほしい」という計画を立てるのは難しくなります。

その一方、市場を使わず、価格を生産者側で決める方法もあります。消費者に直販したり、特定の企業と売価をあらかじめ決めて契約栽培する、といったものです。

ただ、消費者相手に自前のショップを作るとか、軒先販売をする、直売所で委託販売する、ネットで売るといった直販の場合は、自分たちで販路を開拓しなければいけません。

市場に売る場合は、市場に持っていきさえすればいいですが、販路を開拓するには卸売業者や小売店と交渉したり、自社のサイトを開設したり、在庫管理や配送の手配をしたりと、手間が増えます。営業スタッフを雇えば、その分、人件費もかかります（ちなみに直売所を利用すると手数料がかかります。僕の農場の近所にあるところでは売上の5％です）。

また、市場と違って作れば必ず取り扱ってくれるわけではなく、在庫リスクが発生します。

契約栽培（契約農業）の場合はどうでしょうか。契約栽培は作る前に農家と特定の個人や業者が、①取引価格、②取引数量と規格、③出荷時期、④代金の決済方法などを決めて、納品するしくみです。

この場合、売値は契約で固定されるため、農家は収益の計画が立てやすいというメリットがあります。

ただし、買い手から求められる生産高を達成しなければなりませんから、もし不作で納品できなくなったときには、他の農家から買ってでも作物を集めないといけなくなります。つまり、出荷の予測をよりしっかりやる必要が出てきます。

近年では、非農協系の流通プラットフォームを使うという手もあります。野菜をネット販売するオイシックスなどの企業と契約して買取販売をするパターン（契約栽培型）や、そのサービス上に農家がブログを書いたりして、そのサイトを経由して作物が売れると15%の手数料を取るポケットマルシェ（ポケマル）など、いくつかの種類があります。

世の中には「市場には売るな！　安すぎる！」「他の販売ルートで十分」といった市場不要論を語る農家も少なくありません。きっとその人たちにとっては、市場はメリットを感じられない選択肢なのだろうとは思います。

ですが、日常的に誰もが消費するような野菜や果物など、ものすごい量が作られる品目に関しては、各農家や各農協からレストランなどに運ぶなんてことを個別にやっていたらむしろ非効率で、運送業者がいくらいても足りません。

高品質なブランド野菜などに関しては市場を使うメリットはそれほどありませんが、そうではないコモディティ（一般的な商品）が流通するためには、市場は依然として必要です。

市場不要論も追い風になってなのか、いまや直売所は全国に一万数千もあります。しかし、できすぎると市場を使ったほうがいいものまで使われなくなったり、直売ゆえにデフレ化が進行するという問題があります。

直売ゆえのデフレ化というのは、どういうことか。農家が自分で値決めできるとなると、市場や小売店などに対する「介在価値」を本来持つ（物の価値を最終的に人々に伝える役割を担っている）中間業者――卸売業者――が絡みません。そのため、売り残しを作りたくない農家や、趣味で農作物を作っている人などが率先して安売りしてしまうのです。卸は「農家と小売りの間に入って手数料を取る悪い存在」と見られがちですが、実は小売店や最終消費者（スーパーなどで買い物をする一般の人たち）に、「このくらいの品質のものは、いまの時期ならこのくらいの価格が付いてしかるべきである」と価値を伝え、値付けをする役割を担っています。ものの値段というのは、イコール「お客様が感じた価値」であるべきで、それに見合った金額を支払ってもらうべきなのです。でも、直売所で農家が自分で値付けすると、農家同士が安売りし合い、叩き合いになってしまうのです。

ある農家が安売りしたとします。すると他の農家も、本来付けたかった値段では、その直売所内では高く見えてしまう。だから仕方なく周囲に合わせるように安く値付けする。こうして全体的に低単価販売に流れ、デフレ化が進む――直売のメリットであるはずの「自分で値決めすることによって利益を確保する」ことができなくなることもあります。

取引をしたいと思う直売所があるなら、事前に顔を出して、値付けの相場を確認しておくべきでしょう。

いま見てきたことをまとめると、こうなります。

・市場を使えば「まったく売れなくて困る」ということはない代わりに、自分で価格は決められない

・市場を使わなければ、価格の決定権を自分で握れるが、代わりに販路を自分で開拓しなければいけない

・契約栽培ならば、売価があらかじめ決まる代わりに、出荷数量や時期を厳守しなければならない

どの選択肢を採るにしても一長一短がある、ということですね。

農業は、農業をやる目的（とにかく儲けたいのか、自由時間をなるべく増やしたいのか……等々）と、自分が望むライフスタイル（冬は働きたくないので春夏秋ですべての仕事が終わる作物を選ぶ……等々）に応じて、いろいろな選択肢の組み合わせが考えられます。

農業は、こういう、工夫のしがいがあるところがおもしろい。

もっとも、選択肢がたくさんあることが「どこから考えていいかわからない」人が増えてしまう原因でもあるのですが……。

考える手順や押さえるべきポイントは、順次お伝えしていきます。

天候が原因で不作になったら、借金まみれになるのでは？

●全国的に不作なら、数量は減っても販売単価は上がる

天候が悪くて農作物の生産量が落ちると収入が激減するのでは？　という心配もあると思います。

しかし、農作物は市場に持っていけば買い取ってもらえます。

全国的に生産量が落ちた場合には、需要と供給のバランスによって価格は上がります。

希少なものの値段は高く、たくさんあるものの値段は安くなる――当たり前のことですね。

ですから、ちょっと生産量が減ってもそんなに心配はいりません。

売上＝単価×数量
ですが、生産量（数量）が減っても価格（単価）が上がるため、意外となんとかなります。

ただし、自分の産地だけに特別な大冷害が訪れるとか、巨大な台風がその地域だけを直撃するなどして、ものが収穫できなかった場合は、経営を圧迫します。

その地域を除けば例年通りの収穫量があるわけですから、市場の価格はそんなに上がらない。単価×数量でいうと、単価は他の年と変わらず、数量だけが減るので、売上が減ってしまいます。

やっぱり農業では天候リスクは大きいのか、と思った方もいるかもしれません。

でも、必ずしもそういうわけではないのです。

●丈夫なハウスを建てて保険をかければ天候リスクは下げられる

天候に左右されにくい作物を選ぶ、あるいは丈夫な施設を建てれば、中長期のリスクは回避できるようになります。

もちろん、ちゃんとしたハウスを作ると初期投資がかかったり、維持していくための月々の固定費は上がります。

さらに、もっと強力な気候不順に見舞われて、大雪で施設が潰れるとか、台風でハウスが吹き飛ぶということも、まれにあります。

施設すら壊れるくらいの悪天候になってしまったときは？　というと、これは農業用の災害保険、共済に入っていれば基本的に大丈夫です。ただ、保険に入っていない場合には、当然ながら自己負担になります。

施設にしろ保険にしろ、お金はかかります。

それがイヤな人、あるいは、収入が凹む年があってもなんとかなるという人は、コストをかけずに天候リスクを引き受けるといいでしょう。

気候不順を不安に思って毎日を過ごすほうがイヤだとか、コストが多少かさんでも収入が大きく凹む年があるほうが困るという人は、施設や保険を使えばいいでしょう。

われわれGRAの場合は、保険には入っていませんが、その代わり、お金をかけて丈夫な施設にしています。

ちなみに東日本大震災クラスの大災害になると、ほとんどの農家は補助金をもらって復帰しています。

ここまでをまとめると、

- **多少の気候不順であれば、需要と供給のバランスで価格が上がるので、生産量が減ってもなんとかなる**
- **お金をかけて施設を作る、保険に入ることで、天候リスクは下げられる**

ということです。

ですから、借金まみれになるかどうか、ということで言うと、こうなります。

・畑で作物を作り、ハウスも建てないし何もしない場合は、そもそも大きな初期投資が必要ない

つまり借金せずにはじめているはずですから、借金まみれになることはありません。

不作の年の売上は少ないかもしれませんが、自分が食っていけるくらいの収入になれば（または貯金があれば）なんとかなります。

借金して施設に投資している人は、そもそも天候対策をしているわけですから、悪天候のせいで借金まみれになることはありません。天気が悪い年でも安定した収穫量になり、順調に借金を返していけるはずです。

「農業ってはじめる前に借金しないとできないんですか？」ということもよく聞かれますが、いま見てきたように、初期投資にお金をかけたくないなら、かけないなりのやり方もあります。

「必ず借金しないとできない」のではなくて、借りて良い施設を建てたほうが結局、安定する可能性が上がり、収穫量を増やしやすい、というだけのことなのです。

初期投資のお金をなるべくかけず、作業量も少なくラクに取れて、収入が安定する方法はないか？　という良いとこ取りをしたい人もいるかもしれませんが……さすがにそこまでのものは簡単には見つからないと思います。

ただ、やはり「工夫次第で」その人にとって苦にならずにお金を稼げるやり方を見つけることは不可能ではないのが、農業のおもしろいところです。

農協ってよく批判されているけど、使わないほうがいいの？

●農協を通したほうが個人で市場に出すより単価は上がる

メディアでは「農協改革」といったことがよく叫ばれています。

ですから、農協を腐敗の象徴のように思っていたり、農家から高い手数料をむしり取る悪い団体みたいなイメージを抱いている人もいるでしょう。

Ａｍａｚｏｎのようなネット書店で「農協」と検索すると、農協を批判する本のほうが上位表示される一方で、農協擁護論はほとんど出てきません。

これではまだ農業をやっていない人からすれば「農協＝悪」みたいな印象になっても仕方がないと思います。

しかし、農村部において農協が果たしている役割は非常に大きいです。

たとえば収穫した作物を市場に出すときには、農協を通したほうが、農協を通さず個人で市場に売りに行く場合よりも、価格が高くなることが多いです。

農協を通じて市場に売ったほうが、産地としてのパワーを効かせられるからです。市場側には「○○産ならこれくらい払ってもいい（＝どこの農協のものはいくらだ）」という相場があるんですね。

農協は自分たちで決めたレギュレーション（自主的に定めた基準）を通過したものしか市場に売りません。よく知らないポッと出の個人が作った農産物に比べれば、最低限の品質の保証がされているわけです。市場はこういうことを知っているから、農協から持ってこられたもののほうを高く値付けするのです。

農協からすると、たとえばひとりの農家が変なことをしてロクでもないものを納品してきたのにスルーして市場に売りに行ってしまったら、産地全体のイメージに悪影響を与えてしまいます。そういうプレッシャーがありますから、ちゃんと品質を管理する。

また、農協は個人に比べて、一定以上のロット（量）を安定して市場に持ってきてくれます。こうした、農協が持つスケールメリット（規模の価値）を市場は歓迎し、優遇して値付けに反映してくれます。

そういうわけで、農協を通したほうが個人や中小農業法人が自分たちで市場で売るよりも高いことがむしろ多いのです。

●農家と農協と市場の関係

もう少し詳しく、農家と農協と市場の関係を説明すると、こうなります。

まず、農家がいますよね。この農家が、農協に属している農業者同士の出荷部会（集まり）である「生産部会」を作ります。その中で自主的に作物の品質などに関する基準を作ります。

たとえばこの部会を経由して、イチゴを市場に出すとしましょう。このとき、それぞれの農協が、自分たちの名前で（僕の地元ならば「ＪＡみやぎ亘理」のイチゴ部会）ブランディングをします。そして、日本中にある市場と話をします。それぞれの市場とどれくらいの量を出荷するかといったことを約束というか、調整しておくのです。

こうして産地単位で作った農協の部会からまとめて市場に出荷します。

これを市場は、どうさばくか。

ひとつは「相対取引」です。これまでの実績などに基づいて農協が市場（卸売業者）と出荷量や価格を握っておき、出荷したものを仲卸業者が買っていく、というものです。仲卸業者は市場に買い付けに来た人たちで、この人たちが市場で調達したものを、さらに小売店（スーパーなどの量販店や飲食店）に販売するわけですね。

　卸売業者（市場）と仲卸業者も、事前におおよその取引数量などの交渉をしておいて、ただし具体的な数量と価格は当日、現物を見て決定することが多いです。

　市場でのさばき方のもうひとつのやり方は「入札取引」（せり）です。量が非常に多くてダブついているものや、逆に珍しくても相対で販売できるくらいの量がないものは、競売にかけられます。そこで値段が付きます。

　ここまでの説明でおわかりかと思いますが、農家は農協を通じて市場に「出荷」はするけれども、農協に「売る」わけではありません。農協が「全

「相対取引」と「入札取引」（せり）の流れ

（農林水産省HP「公正かつ合理的な取引の確保について」より）

●**相対取引**：卸売業者と買い手が１対１で個別に行う取引であり、取引数量等の交渉を事前に行い、数量と価格は当日に決定することが多い。

●**入札取引（せり）**：前日～当日入荷した物品について、公開の場で取引が行われる。数量と価格は落札した時点で決定する。

相対取引の流れ（中央卸売市場青果部の例）

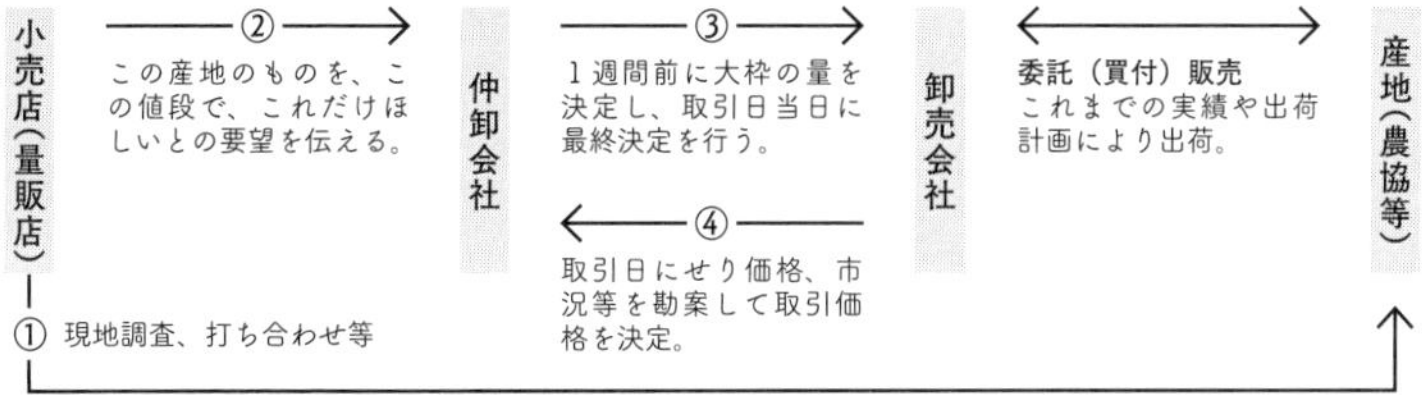
小売店（量販店）
②
この産地のものを、この値段で、これだけほしいとの要望を伝える。
仲卸会社
③
１週間前に大枠の量を決定し、取引日当日に最終決定を行う。
④
取引日にせり価格、市況等を勘案して取引価格を決定。
卸売会社
委託（買付）販売
これまでの実績や出荷計画により出荷。
産地（農協等）
① 現地調査、打ち合わせ等

入札取引（せり）の流れ（中央卸売市場青果部の例）

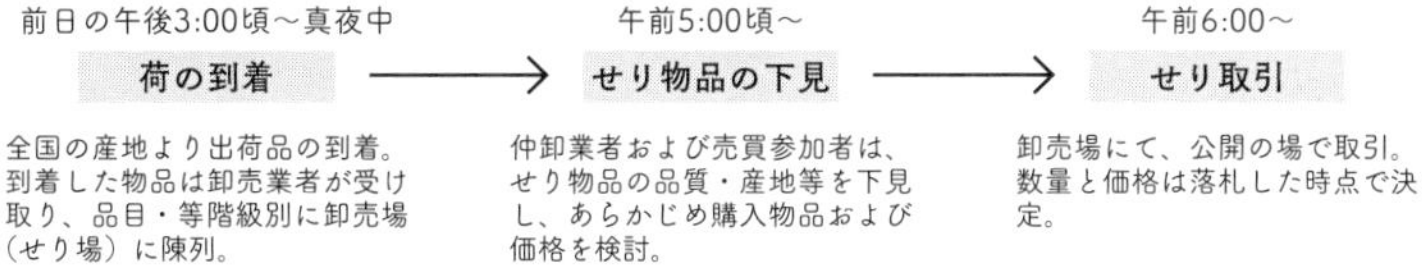
前日の午後3:00頃～真夜中
荷の到着
全国の産地より出荷品の到着。到着した物品は卸売業者が受け取り、品目・等階級別に卸売場（せり場）に陳列。
午前5:00頃～
せり物品の下見
仲卸業者および売買参加者は、せり物品の品質・産地等を下見し、あらかじめ購入物品および価格を検討。
午前6:00～
せり取引
卸売場にて、公開の場で取引。数量と価格は落札した時点で決定。

量出荷」はするけれども、市場（卸売業者）の先にある仲買人や、市場に来ている競り人が買い取るわけです。

個人で市場に出荷するよりも、良い売り先を見つけ、市場で良い価格を付けるようにするのが、農協の介在価値です。

「良い農協」かどうかの基準はここにあります。個人が荷受会社（卸売業者）に出すよりも農協を通したほうが高く値が付き、農協に手数料を払ってもそれ以上に利益があるところは、良い農協と言えます。高い値が付くのは市場から「品質が保証されたものだ」という信頼があるからですね。

ただし物事には必ず表裏両面があるもので、ここで言う「良い農協」ほど閉鎖的である場合もあります。

というのも、どんな農家でも部会に入れるような農協は、物量は扱えるけれども、誰でもウェルカムしていることによって品質の確保が危うくなりますよね。すると、市場に対して高く売る力が弱まります。

逆に、新しい農家の参入をなかなか認めない農協のほうが、既存農家のものを高く売れたりします。レギュレーションを厳しくし、共同選果場をちゃんと整備するなど、鉄のルールを作ることで自分たちが出荷するものの品質を担保する、あるいは、パッケージや箱のデザインに力を入れて見栄えをよくする――こうした努力によって、品質の維持をしているのです。

一般的に農協がどんなふうに品質を保証しているかというと、たとえば、所属している農業者から「品質管理委員」を選んでいます。そして、農家同士がお互いに納品したものについて、管理（監視）するしくみを作っています。一例を挙げると、イチゴを納品したとして、箱の下のほうに傷んだものを入れたりするようなセコいことをする農家が出てこないようにし、出てきた場合は警告し、ひどい場合には排除するわけです。

新規就農者からすると排他的に見える場合もありますが、それは「品質を守って市場で高く売る」ためには仕方ない面もあります。一度内側に入れてもらうことができれば、強力なパートナーになってくれるでしょう。

農協に対して「閉鎖的だ」「守旧的だ」「手数料を取りすぎだ」と批判する人がいたとしても、なぜ閉鎖的にしているのだろう、どうしてそのくらい手数料を取るのだろう、ということをきちんと見ていくべきです。

なお、手数料ですが、農協を通して発生した売上については、単位農協（市町村レベルで組織されている農協）に対して数％、JA全農（全国農業協同組合連合会）に対する全農手数料として数％取っています。ざっくり合わせると8％前後になります。

卸売市場が徴収する委託手数料は市場ごとにも、野菜、果実、花など種類によっても違いますが、野菜や果実の場合は7～8・5％前後が多いと思います。

つまりJA全体の手数料は8％、市場手数料8％で合計16％前後かかるわけです。

「え？　1000万円売ったら160万円も手数料を取られるの？　農協に80万円も払わないといけないの？」と思うかもしれませんが、売上の8％を払うだけで、JAの共同選果場を使えるメリットは大きいです。

手数料ばかりが注目されるのですが、自分でそれと同等のものを用意できますか？　という話です。

農協がなければ、多くの農家は販売できません。卸売業者に対する交渉力も小さいです。中小農家がまとまって、市場にたくさん持っていったほうが、買う側も大切に取り扱います。個々人での販売は、一般的には大変です。農協の介在価値は決して小さくありません。

●農協によってルールは違う

ただし、農協の部会によっては、農協を通じて市場に売ることを選んだ場合、それ以外の販路（たとえば直販など）で売ってはいけないと決めているところもあります。

農家からすれば、あるていどは農協を通じて市場価格で売り、あるていどは自前で構築した販路を使って高い価格で販売できれば経営的なリスクヘッジができてありがたい。でも「それはダメ」と言われてしまう場合がある。

そういうところが保守的に見え、農協が叩かれる原因のひとつなのでしょう。

しかし農協側に立って考えると、「出来の良いものだけ直販で高く売って、出来の悪いものだけ農協に持っていこう」みたいな悪い人ばかりになったら、品質を保てなくなってしまいます。

ですから「農協を通じて市場で売る」のか「自分たちで販路を開拓する」のかの二者択一だと言うのも、必然性がないとは言えません。

先ほども言いましたが、農協は強力な輸送網を持っています。それを個人で開拓できますか？　という話なのです。

農協が建てた選果場で、農協を通さない販売者が勝手に売っていた場合は当然、農協からすれば「おいおい」という話になります。コストを払わないのにタダ乗りしてくるフリーライダーに良い顔をする人は普通いません。「農協は公的なものとして存在する」というイメージがありますが、農協だって、利益を取らなければ存続できない団体です。農協の言うことのほうが、その批判者よりもスジが通っていることだって当然あるのです。

もちろん、「農協を通じて市場で売る」のか「自分たちで販路を開拓する」のかがガチガチな二者択一ではなくてもう少しゆるやかで、両方やることが許されている部会もあります。

そこは農協ごとにルールが違います。ですから就農する前に、各地の農協の新規就農担当者に「部会はどういう判断をしているのか」と問い合わせておいたほうがいいでしょう。

僕たちＧＲＡの地元・宮城県山元町のイチゴ部会は「農協を通じて市場に作物を出すか、出さないか」は１００かゼロかしかありません。７割を農協に、３割を直販で、みたいなことはできません。

ちなみに僕らはどうしたかというと、農協を使わないことを選びました。

生産したものを農協に納品したらおしまい、というのはラクです。対して、販路構築をゼロからやるのは本当に大変です。

どちらが良いかは、販路の選択だけを見ても意味がありません。

これはその事業者の「そもそも農業をやる目的とは」ということや事業全体の戦略に関わってくるのです。

ここではＧＲＡが農協を使わないことにした理由を細かく書きませんが、ただひとことで言うなら、僕らは、消費者と生産者が直接ふれあうことが大事だなと思ったのです。

しかし直接、利害関係がないからこそ繰り返し強調しておきますが、農協を通して売ることは別に悪い選択肢ではありませんし、農協がなければ農村部は成り立たないと言っても過言ではないと思います。

都会出身の人間が地方に移住してやっていけるものなの？

●ぽんぽん土地を変えられないことはたしか

農業で起業あるいは農業法人に就職するとなると、勤め先が都市近郊であることはまれでしょう。

ほとんどの場合は、田舎に行くことになります。

ですから、どんな場所で働くのか、そして地方でのライフスタイルをどう設計するかが大事になってきます。

たとえば、いま都会にいるAさんがスイカを作りたいと思ったときに、いまスイカをまったく作っていない地域には普通は行かないですよね？

当然ですが、その作物が生産できる気候のところに行きましょう。もっと言うと、すでに産地になっているところからまず検討しましょう。イチゴだったら宮城や栃木、福岡に行って話を聞くべきです。

産地でないところに行っても、その地域にその作物を作るノウハウがありません。農家も行政の人も情報を持っていないので、苦戦することになると思います。作りたいものがあるなら、その産地に行くことが大事です。

そして、非常に重要なことですが、農業は土地を借りてやるものですから、その土地がイヤになったとしてもオフィスのように場所を変えることはできません。

もちろん、なかには「人間関係の面倒なしがらみがイヤだから、いまの会社を辞めたい。土を相手にする農業を仕事にしたい」という人もいるとは思いますが……。

会社勤めであれば同じ職種でも転職すれば違う環境に行けますが、農業の場合は基盤となる土地があります。

ですから「この土地でやっていくのはしんどい」となったからといって別の土地を簡単に探せるかというと、そうもいきません。

これは脅しでもなんでもなく、端的な事実です。

●地元の名士や農業のレジェンドを味方に付けよう

僕の場合は、GRAを起業した宮城県山元町はもともと地元（出身地）でした。

だから地方で農家になる、生活をすることに対するフラストレーションは小さいほうだったと思います。

もっとも、僕も故郷を離れて20年近く経ってから東日本大震災をきっかけに戻ったので、周囲の農家からすれば「よそ者」、ニューカマー扱いに近かったのではないでしょうか。

ただ、新しい発想で農業ができましたし、既存の勢力との調整などをそれほど考えずにはじめられた点は良かったと思っています。

ともあれ、それでも地縁、血縁のしがらみのなかでやっていくノウハウは必要だなと、実感を持って言えます。

関係性の作り方も、農家としてのスキルのひとつなのです。

といってもそんなに難しく考える必要はありません。

地方で農業をはじめるにあたって重要なのは、まず何より、地元の名士か、その土地での農業のレジェンドを味方に付けることです。

具体的には、まず市町村の農政課に行きましょう。

農業は農地法をはじめとする農業関連の法律によって制限あるいは規制を受けている産業ですから、役所と仲良くなっていかないといけません。

農地を借りる、買うにあたっては、日本の市町村に置かれる行政委員会である「農業委員会」の認可（許可）が必要になります（行政委員会には、ほかに教育委員会などがあります）。この農業委員会に、経営計画を提出する必要があります。

（なお、先ほど農協の話をしましたが、土地の利用に対して農協を使うかどうかは問われません。農地を貸す、貸さないを決める人たちと農協は一体ではありません）

といっても、いきなり計画を提出するのは非現実的です。農政課の人に、現地の農業委員をやっているような農家さんを紹介してもらい、話を聞いてみるのがいいと思います。農業委員は土地の仲介や斡旋《あっせん》をする公的な役職ですが、役所の人ではなく農家の代表者です。地脈に精通していて、その地域でどんな土地がどう流通しているのかを知っている人たちです。こうした農業委員に詳しく話を聞いてみてください。

農業委員でなくても、田舎には顔役みたいな人が必ずいます。そういう人に話を聞きに行くことです。

地縁も血縁もない土地に、単独で乗り込んで、誰の力も借りずにやっていこうとするのは自殺行為です。そもそも土地が借りられません（このことは次にお話しします）。「新しい農業にチャレンジする！」みたいなことを考えて、大きく打って出る場合には、なおさら地元の有力者につないでもらい、挨拶をしておくべきです。

なんだか面倒だな、と思うかもしれませんが、逆の立場になって考えてみてください。外から人がやってくるとなったときに、自分の近所にある土地をどういうふうに使おうとしているのか、いったいどんな人間なのかということを、当然、気にするはずです。ひょっとしたらカルト集団が地元に入ってくるかもしれない、という警戒心だってあるわけです。

自分という人間を地元の人たちに理解してもらうことが、農業界に入るための禊《みそ》ぎなのです。
銀行からお金を借りるのに必要な手続きがあるように、農業をはじめるにあたっては地元の人間の信頼を得る必要がある、という話です。

農地を借りる、買うのはやっぱり大変？

●農地が確保できなくて就農できないことも

新規就農者がもっとも苦労するのが、農地、つまり土地の確保です。

家族から相続する、親戚や友人・知人から譲ってもらうあてのある人は別ですが、そういうコネがまったくない場合には、正直言って苦労することになると思います。

実際、土地が用意できなくて就農できないことは少なくありません。

土地を借りるのは、大変なのです。もちろん、買うのはもっと大変です。

地元の方の紹介があったり、役所の斡旋があったりと、信頼できる筋または公的な口利きがないと難しい。

先ほども書いたとおり、その人がどういう人かわからない状態では、普通は貸してくれません。変なことをされたり、変なものを作られると困るからです。素性のちゃんとした法人であっても、その地に根ざした企業でなく、外から来た場合は難しい。

いったん借地契約してしまうと、契約期間中は借主のほうが強いんですね。

これはもともと地主があまりにも強く、小作農があまりにも弱かった戦前までの法律を変えてできたのが戦後の法律だからという面もあると思います。

貸す側だからといって途中で「やっぱやめた。早く返して」とかやられたら、借りている側は困りますよね。そうならないようになっているわけです。

だからこそ、貸す側は慎重になります。

実は僕らも、最初に借りた土地では大変に苦労しました。その土地の貸主がちょっと変わった方で、僕らが建てたハウスに勝手に入って来てイチゴを摘んでいったり、やっぱり僕らに何も言わずにいきなりネギを植えはじめたりして……何回その人の元に通って話し合いをしたかわかりません。

もちろん、貸主だからといって法的にはそういうことをしてはいけないのですが、僕らも借りている手前ということもあり、新規にその土地に入っていった者としてあまりうるさく言うのもどうかなとも思い、しばらくはがまんしていました。

しかし結局、別の場所を確保できたこともあり、引き払うことを選びました。お金をかけて井戸を掘ったりもしたのですが……いまはその井戸は元の持ち主が使っています。
土地選びに失敗すると、こういうこともあります。

●耕作放棄地がたくさんあるのに農地取得が容易ではない理由

「でも、耕作放棄地がたくさんあるってよくニュースになってるのに、なんで土地が足りないの？」と思ったかもしれません。

耕作放棄地は、土地が痩せているとか、交通の便が悪いといったことで「耕すのが大変だから放棄されている」ことが多いのです。

ちゃんと使われている良い土地は、取り合いです。

地面で作物を育てる露地栽培では、どんな土地なのかが当然、大事になります。

狭い土地を借りて、好きな野菜を多品目作り、山村に閉じこもって暮らしたい、という人ならば灌漑《かんがい》用水が引ければ十分可能でしょう。

でも、もし先端的なハイテク農業をやりたいとなると、たとえば家庭用ではなく業務用の電気インフラの確保が必要になります。もちろん、それに加えて通信インフラ（携帯の電波やＷｉ－Ｆｉが入るとか）も重要です。そうすると山間部では難しい場合もあります。

便利で耕作に向いた農地は余っていない……というのは言い過ぎですが、簡単に手に入れることはできません。

われわれの新規就農支援事業でも、ＧＲＡの宮城県やインドでの成功事例を持ってエース級の社員を他の土地に派遣したりして、やっと借りているのが現状です。

だからこそ、その土地のキーマンと仲良くなる必要がありますし、そこまで行き着くコネがないのであれば、コネができそうなスクールやコミュニティに参加するとか、農業法人に就職する、有名な農家に弟子入りするといったところからまずはじめる必要があります。

また、土地を借りたからといって好き勝手できないようにもなっています。

食料・農業・農村基本法や農地法の条文を読むと、それらの法律の存在意義、目的は、農地および農村を守ることなのです。農村の景観や雰囲気、文化をいたずらに変えないことが、農地法の大前提になっています。

そういう考えであれば、規制だらけになるのはしかたありません。

もちろん、法律だって時代に即して変えていくべきだと思いますが、少なくとも現状では、闇雲にビニールハウスやガラスハウスを建ててはいけないとか、大小さまざまな規制があります。

農地の確保については「心配ないですよ！」と軽口を叩くことはできません。

ただ、本気で探していれば、なんとかなります。

やっぱり修業に何年もかかるんでしょう？そのあいだは低収入になるんですよね？

●農業のノウハウ習得に時間がかかるのは、植物を高速で育てるのがムリだから

新規就農というと「数年は出費がかさみ、赤字続き」だとか「作物の作り方をマスターするには、丁稚奉公みたいなかたちで先輩農家のところに住み込み、数年は修業しなければいけない」みたいなイメージがあるかもしれません。

そして「そんなに時間がかかるものだと、家族に『農業をやる』という説得ができないぞ」と。「数年は収入が目減りします」と言って喜ぶ家族はいないでしょう。

出費がかさむかどうかという問題については、作物選びと初期費用をどれだけかけてはじめるかによるという話はすでにしました。

ノウハウを習得するのに長い時間がかかる、という話についてここでは説明しましょう。

そもそも農業はなぜ立ち上がりに時間がかかるのでしょうか？

リードタイムが長いからです。

リードタイムというのは、その事業の最初から最後まで、スタートしてからすべての工程をひととおり終えるまでの期間のことです。

どんなものでもそうですが、練習すればするほど、コツがわかってきますよね。1回しか練習していない人と100回練習した人なら、100回練習できた人のほうがコツがよくわかる。たくさん試行錯誤できれば、それだけうまくやれる確率は上がります。

でも農業は、その1サイクルを回すのにけっこうな時間がかかるのです。

たとえばイチゴでは、親株を植えてから収穫が終わるまでに20ヵ月かかります。

1サイクルに約2年かかるのです。

そうすると、旧来型の学習方法だと収穫方法をひととおりマスターするにはどうしても3～4年かかるわけです。そこからさらに精度を上げて「農家として一人前になるには10年かかる」なんて言われるのも当然なのです。

ただ、そうなっている原因は、農業教育が経験主義、現場主義的だからでもあります。

現場の知恵はもちろん大事です。

そしてスピードはお金で買えない。植物には絶対成長時間というものがあって、せかして早く育てるということはできません。イチゴの場合は必ず1サイクル20ヵ月かかる。

そこを、別の方法を使って高速で学習するのが新規就農者が成功するための重要なポイントになります。これは個人、法人を問いません。

●すでにノウハウを持っている人・集団に教わるほうが結局、早い

「え？　でも早く育てられないんじゃなかったの？」と思ったでしょうか。

たしかにどんな名人であっても、早く育てることはできません。

でも名人は、良い育て方をすでに知っているわけです。

つまり、そういう知恵を持っている人、知恵が共有されている場所に行くのが近道です。

「それってどんなところ？」と思いましたか？

たとえばイチゴで言えば弊社です（手前味噌ですみません……）。

GRAでは新規就農支援事業を行っており、1年でイチゴ作りのすべてを教えます。

卒業後も、忘れてしまったところ、知りたいところ、わからなくなったところは、映像で講義を何度でも見ることができます。

といっても、この事業はまだ2期目ですから研修生の数は合計10組前後です。この人たちが独立準備または研修中なのですが、重要なのは、毎年の結果が集積されていくことです。

グループで学習することで、時間を大幅に買うことができます。

「時間を買う」とはどういうことか。

先輩や同じ期の仲間の手法やデータから「なるほど、そうやるとこうなるのね」という

ことが学べる、ということです。ひとりでやっていたら10年かかるものが1年でできる理由がここにあります。そしてノウハウやデータは年々蓄積され、次の年の研修生に継承されていきます。

「10年もかかるんだったら脱サラ農業なんてできない」という方は、このように集団で高速学習するしくみを作るか、すでにしくみがあるところに入る必要があります。

別に弊社の新規就農スクールでなくても、全国42道府県に農業大学校がありますし、Facebook上などSNSでもその土地ごとの勉強会やコミュニティを見つけることができます。

もちろん、「年収150万でもいい。時間はたっぷりある」という方は、そういうところに頼らず、ゆっくりやればいいと思います。

「農業は自然相手だからコントロールできない部分が多い」「言語化できない手仕事だから自分でくりかえし試すしかない」といった話ばかりがされますが、すべてがコントロールできないわけではないし、言葉にしにくいからといってすべてを自分でやらないとマスターできないかというと、そういうわけではないのです。

●取れるデータは全部取る

また、そういう場所に参加しなくても、たとえばいまある農地を使ってすべて同じ方法で育てるのではなく、区画を区切っていろんなパターンの肥料や水の与え方を試すことで、1度でたくさんの経験、情報を得ることができます。

くりかえしますが、植物の絶対成長時間はお金では買えないのです。

情報を取り逃すとまた1年、2年かかるわけですから「取れる情報は全部取る！」くらいの感覚でデータを取っていかないと、精度が高い農業ができません。

もちろん、作物によって取るべき情報、取れる情報は全部違います。

補助金って、頼るとよくないんでしょ？

●補助金を使わないで、使っている農家との競争に勝てますか？

補助金（助成金）の良し悪しは、よく語られています。

しかし、農家は取れる補助金は全部取ったほうがいい。

というのは、補助金だろうが、銀行からのお金だろうが投資家からだろうが、お金はお金だからです。

資金調達のチャンスがあるのに、取らないことで経済的なデメリットが起こることは避けるべきです。

ファイナンス（資金調達）というと、銀行からの借り入れか、株式を発行して投資家から調達するかの二択で語られがちですが、農業では補助金が重要です。

補助金を使わない農家と使う農家で、価格競争力が持てるのは、補助金をうまく使えるほうです。

パイプハウスを作るのに1000万円かかるとして、返済不要な補助金が50％出る（＝500万円もらえる）としたら、自己資金は500万円で済みます。

考えてみてください。

補助金を使わない人は、自腹で1000万円出さないと作物を作れない。

補助金を使った人は500万円で作れる。

どっちのほうが作物を安く売れますか？

あるいは、同じ価格で売ったとして、どっちが儲かりますか？

補助金をもらった側ですよね。

（これに加えて会計上、非常に重要である「施設の減価償却費」も関わってくるのですが、少しややこしい話なので後回しにします）

つまり、補助金を取らないと、取った人との競争に負けてしまうのです。

補助金をもらっていないことは、なんの自慢にもなりません。

「補助金漬けの農家は良くない」みたいなイメージがありますが、農家からすれば資金調達の手段のひとつにすぎません。

補助金は返さなくていいものや、借りたとしても利子が付かないとか、ほとんどないものが大半です。

銀行からお金を借りれば利息を付けて返さなければなりませんし、株式発行による資金調達であれば株式の価値を高める（企業価値を高める）ことを投資家から求められます。

このように資金調達をする側が支払わなければならないコスト（銀行への利息払いや投資家への支払いなど）を「調達コスト」または「資本コスト」と呼びますが、補助金は圧倒的に調達コストが安い。調達コストの低い資金を得ることには、事業者であれば必死になるべきです。

●自分が使える補助金を知りたければ相談できる窓口に行こう

ただし、「よし、じゃあ取れるだけ取ろう！」と思っても、個人で補助金を調べるのは大変です。

いろいろな種類があり、どれが自分が申請できるものなのか、どういう手続きをするのかをネットで簡単に調べることは困難なのです。

ですから所轄官庁（農林水産省など）や、これから耕作をはじめるのであればその土地のある基礎自治体の窓口――まずは農政課に行って相談しましょう。
　そうすれば補助金の提案をしてくれます。

　政策的な補助金は、突然できたり、なくなったりと、条件が変わることがありますので、古い情報はあまりあてになりません。最新の情報を持っている窓口の人に相談しましょう。

　僕は就農するとき、そうしなかったので損をしました。

　建物を作るのにかかった設備投資費用の半分を出してくれる補助金があるなんて想像もつかなかったし、いざはじめてから、年間最大150万円の「農業次世代人材投資資金」(旧・青年就農給付金)がもらえることを知ったりしました。

　この農業次世代人材投資資金には「準備型」と「経営開始型」の2種類があります。「準備型」は、就農前の準備期間にもらえるものです。原則45歳未満であれば、最長2年間にわたって年間150万円の生活資金を受け取ることができます。ただし、就農しなかった場合は全額返還の義務があります。

「経営開始型」は、事業をはじめた直後の人がもらえるものです。農業をはじめてから経営が安定するまでのあいだ、最長5年間、年間最大150万円がもらえます。前年の所得が350万円を超えたら交付停止となります。

　ということは、新規就農者は最長7年にわたって返済不要な資金の補助を受けることができるわけです。

もっとも、これで農業をはじめようとする人が多いのですが、はじめて5年で辞めてしまうという「交付の切れ目が農業の終わり」みたいな人もなかにはいて、問題視する声もあります。

僕はこのような生活補助型のものであっても、使えるものは使ったほうがいいと思います。農業に向かない人、経営ができない人が出てくるのは確率の問題で、仕方がない面があります。でも、実際にやってみないことにはそれもわからないわけですから、入り口のハードルを下げて農業人口の間口を広げるのはいいことだと思います。

なお、いま言った農水省の事業である、年間150万円を交付する「農業次世代人材投資資金（経営開始型）」や「新規就農者向けの無利子資金制度（青年等就農資金）」を利用するには、「認定新規就農者」の資格を得る必要があります。

認定新規就農者に対しては、役所の農政課と県の普及指導センターがタッグを組んでバックアップするシステムになっています。

では、どんな認定基準があるかというと、身も蓋もない言い方をすれば「どこの農業法人で修業してきたのか？」という実績が問われます。認定を受けるためには「実際にその人自身が農作物を作れるのか？　売れるのか？」が審査の対象になるのです。

ですから、就農したい人は、技術を持っていて、実績がある農業法人に研修に行くことが重要です。「研修」といっても公的に認められた制度があるわけではなくて、普通に働くということですね（1～2年の研修プログラムを設けている会社もあります）。

各生産品目の目安になっている「キロ単価いくらで売れていて、単位面積あたりの生産量はこれくらい」という市場平均と同程度かそれ以上の実績がある農業法人で研修を積んだ人は、認定新規就農者の認定が受けやすくなります。

補助金は、事前申請のみＯＫで、事後申請ではもらえないものもあるので、本当に注意してください。数千円、数万円の話ではないのです。数百万円単位の話です。お金に関する無知は、全然いいことではありません。

もっとも、こういう公的資金を使うことで、申請書類を作る手間や、レポーティング（報告書作成）の手間は増えます。そこにかかる工数がどれくらいなのかは、事前に把握しておいたほうがいいでしょう。

ほかの作業とバッティングして手が回らなくなることは、避けないといけません。

ただ、補助金は基本的に単年度で「1度もらったら終わり」のものが多く、たまに補助金の出し手の機関の人が来ても、普通に話せばそれでいいものが大半です。

事務作業が嫌いな人やコツコツ帳簿を付けるのが苦手な人が大げさに言っていることが

あるものの（面倒なことは否定しませんが）、そこまで大変なものはあまりないと思います。

有機農業のほうがいいの？

●「有機」「オーガニック」に決まった定義はない

有機農業、有機栽培、オーガニック……実はこれらは言葉の定義がはっきりしていません。何をもって「有機」と言うのかが、定まっていないのです。まったくの無農薬なのか、認定された農薬だけ使っているのかが、人によってまちまちです。

「有機でやりたい」という人を止める気はまったくないのですが、いったいどのくらいハードコアにやることをイメージしているのか、それがどのくらい大変かをまず確認したほうがいいでしょう。

それより何より、そもそもなぜ有機でやりたいのか、をきちんと定める必要があります。「なんとなく環境に良さそうだから」という理由でやるのは、おすすめしません。一昔前ならともかく、いまでは法律で定められた範囲で肥料や農薬を使っても、それが劇的に地球や人体に悪影響を及ぼすとは、少なくとも僕は思っていません。

●「有機で儲ける」には販路確保が重要になる

「有機のほうが儲かりそうだからやる」

最近ではこういう発想の人もいるようです。

しかし、有機で儲けるには、儲けるための算段を付けておく必要があります。

まず当然ながら、有機で作ると、単位面積あるいは労働工数（作るのにかかる手間）あたりの生産量は、そうでない場合よりも減ります。農薬を使わないと、雑草なんかを処理するにしても手間がかかるし、虫が付いたりして売れないものが増えます。

ということは、生産量が減った分、高く売れる販路を構築しないといけません。

農協を通して市場に売るようなやり方では、有機かどうかは考慮されず、基本的には同じ値段での買い取りになりますから、高く買ってはもらえません。

でも高く売れる見込みがないのに収穫量が減るだけだと「有機で儲ける」ことはできません。つまり販路の確保とセットで考えなければいけません。

フェアに申告しておくと、僕は個人的にはオーガニックなるものを、そんなに良いものだとは思っていません。

欧米では、なんでもかんでも「オーガニック」と称する潮流があります。結局、オーガニック・ブームなるものは、先進国のお金持ちの発想なんですね。気を悪くする人もいるかもしれませんが、僕はそう思っています。

ワールドワイドに見ると、今日食べる食料がないような国や、土地が荒れていたり、痩せていたりして、なかなか農作物が作れない国が大半です。だからもし「地球上の農作物をすべてオーガニックにしろ」なんてことになったら、人間が生きていく上で必要な食料生産量が足りなくなります。

僕は「オーガニックのほうが環境に良い」「からだに優しい」とか言う前に、もっと食料生産量を増やして世界から飢餓をなくしたいという思いがありますので、個人的には有機万歳とは思っていません。

また、地域によっては、オーガニックのコーヒーや野菜は、工数の増えた分を児童労働や移民を酷使して支えている側面があります。たとえばインドでは1日数百円でも働いてくれる労働者や子どもに草むしりをさせることでオーガニック栽培を実現しています(もちろんわれわれGRAの話ではなく、そういう業者がいるということです)。「そこまでしてオーガニックで儲けるってどうなんだろう?」と個人的には思います。

ただ、日本国内でも小さくないマーケットがありますから、ビジネスチャンスがあることは否定しません。また、なんらかの志をもって有機にチャレンジする人のことを悪く言うつもりもありません。

もっとも、「有機をやろう」という人が、変な肥料を売る業者のカモになるケースもあるので、注意したほうがいいでしょう。

農薬は使わない、肥料もやらない、草も刈らない「自然農法」がいいんだ、それでこそ地球がサステイナブルなものになるんだ、と言う人もいます。土地が大量にあり、収穫量を気にしなくていい人なら、そういうやり方もあると思います。

このあたりは「ビジネス」ではなく「思想」の問題になりますので、これ以上は踏み込みません。

「有機がいい」と考えても、考えなくても、どちらでもいいと思います。

どの選択肢を選ぶにしても、農業経営者はまず「ビジネス」として成立するかどうかを見失わないでください。

有機、無農薬、自然農法を追求した結果、収穫量がさっぱりで全然売れもしなくてお金だけがかかった、ではまずいわけです。

事業として、

- **かかるコストはどれくらいなのか**
- **マーケットでの販売価格はいくらになるのか**
- **そのやり方ではたして継続性はあるのか（数年で土地が枯れてしまうような農法もある**

ので注意が必要）

を秤にかけていく必要があります。

農業にかぎらず、あらゆるビジネスは複数の変数からなる方程式です。

ひとつのことに飛びついて決めてしまわないほうがいいのです。

どの作物が儲かるの？

●作るのが大変な作物の単価は高く、簡単なものは安い

どの作物が儲かるの？　ということも、気になる人が多いようです。

僕はGRAをはじめて以降、たくさんの場所で講演や勉強会をさせていただきましたが、質疑応答コーナーで「イチゴって儲かるの？」「トマトは儲かるの？」と100万回くらい聞かれました。

農産物は、労働工数が多い作物は、マーケット（市場）でそれなりの値段になります。

作るのに手間がかかる、時間がかかるものほど単価が高い、ということです。

逆に、たとえばモヤシのように、比較的簡単に、大量に作れるものは単価が安い。

価格のほとんどが国策でコントロールされている米のようなものもあるのですが、やや例外的なのでここではおいておきましょう。

ほとんどの作物の価格は、まともに市場原理が働き、需要と供給のバランスによって決まっています。作るのが大変で、人気のある野菜や果物は高い。作るのが簡単なものなら基本的には安い。

つまり作業時間あたりの売上単価は、実はどの農作物を選んでもそこまで劇的には変わりません。

ですから、基本的には、その人が作りたい作物を作ればいいと思います。

手間暇かけて作って、高く売りたい人はそういうものを作る。

あんまり細かいことは得意ではない人なら、比較的簡単に作れるものをガッツリ作って、単価は安いけれども大量に売るのもいいでしょう。

●規模の経済が効く作物・作型なのかを見極めよう

ただし、自分が作る作物を選ぶさい、規模の経済が効くものかどうかを見極めることは重要です。

ここからビジネスについて疎い人にとってはちょっと難しい話になりますが、非常に重要なことを話しますので、がんばってついて来てください。

規模の経済とは、大量に作ると投資の効率が良くなるものです。

これは単純に「100個売るより10000個売ったほうが売上が大きくなるよね」という話とは違います。

コスト（費用）には、初期投資（イニシャルコスト）と維持費（ランニングコスト）があります。最初にかかる費用と、定常的にかかる費用ですね。

建物を建てるのはイニシャルコスト。

建物を使うと毎月かかる水道光熱費などはランニングコストです。

ランニングコストは、さらに変動費と固定費に分かれます。

変動費は、売上に連動して増えていくものです。たとえば動画サイトを運営するビジネスならば、ユーザーのアクセスが増えたら増えた分だけ、サーバ代も増えます。

固定費は、売上がいくらだろうと絶対にかかるものです。家賃が良い例でしょう。

規模の経済が効こうが効くまいが、事業の規模が大きかろうが小さかろうが、初期投資と固定費は必ずかかります。

必ずかかるということは、規模の経済が効く事業では、事業規模が大きいほうが投資の効率が良くなります（＝儲かります）。

どういうことでしょうか？

たとえば、1ヘクタールの畑を作る場合でも、100ヘクタールの畑を作る場合でも、同じようにトラクターが1台は必要であり、かつ、1台で十分だったとしましょう。

トラクターを買うお金は、絶対にかかると。

仮に、買うには100万円必要で、維持費が毎月1万円かかるとしましょうか。

畑からは1ヘクタールあたり100の作物が取れるとしたら、100ヘクタールでは10000取れます。

ここで、作物1個あたりにかかるコスト（トラクター代）を考えてみましょう。

100万円を100で割るよりも、10000で割るほうが、1個あたりのコストは少なくて済みますよね？

これが、大量に作ったほうが投資効率が良くなる（規模の経済が効く）、ということの例です。

100しか作れない農家より、10000作れる農家のほうが1個あたりの原価（作るのにかかるコスト）が安くて済むということは、同じ値段で売ったら大量に作れる農家のほうが利幅が大きくなります。100作る農家は原価が50円で、10000作る農家は原価が30円だとして、200円で売るなら1個あたり20円儲けが違います。

また、安売り競争になったときにも、安く作れるほうが有利です。極端な話、1個50円で売ることになったら原価50円の農家は儲けがゼロになりますが、原価30円のほうは20円儲けが出ます。

規模の経済が効かないほうも、例を挙げておきましょう。

典型的な作物はイチゴです。

イチゴは機械での摘み取りができません。人間が手作業でひとつひとつ実を取らないといけない。たくさん栽培してたくさん収穫するには、それだけ人手（人件費）がかかります。

こういう、いわゆる労働集約型（事業における労働力に対する依存度が高いタイプ）のビジネスは、大手の大資本であっても、さほどメリットがありません。

たくさんお金を投じれば効率がよくなり、小さい農家よりも安く作れて利幅が大きくなる、というものではないからです。単純にたくさん作ることができるだけです。

逆に言えば、労働集約型（変動費型）の作物は、小さい農家でも大手と戦いやすい、ということになります。個人でも大企業でも、作るコスト（かかる原価）がそんなに変わらないなら、たとえば価格競争をしかけたとしても、とくべつ大企業に有利ということにはなりません。

総費用

変動費
売上高が0円のとき、0円となる費用。
売上高が増えれば、増える費用。
例）材料費、仕入れ、販売手数料など

固定費
売上高が0円のとき、0円とならない費用。
売上高の増減に関係しない費用。
例）給料、地代家賃、リース料など

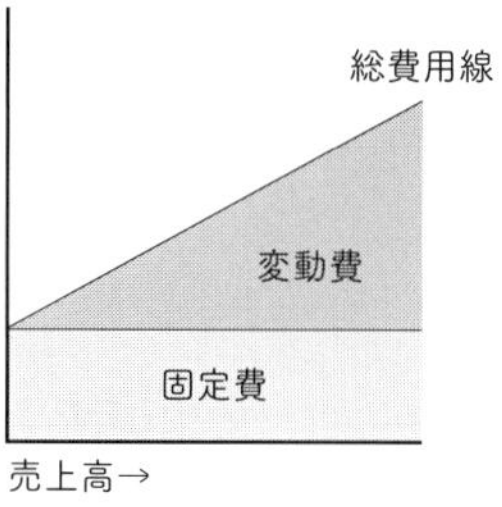

正確に言うと、規模の経済には「製造原価が薄まるもの」と「販管費（販売管理費）が薄まるもの」とがあります。先ほどのトラクターの例は、商品をつくるのに直接かかる「製造原価」が薄まる例です。実は製造原価の段階では規模の経済が効かない作物であっても、一般的には販管費は薄まります。たとえばイチゴであっても、広告費だとか管理部門（経理の人など）のコストといった販管費は、事業の規模が倍になったからといって、費用が倍かかるようにはなりません。ただ、製造原価が薄まる作物のほうが、販管費だけが薄まる作物よりも、規模化によって経営効率は良くなります。

ですから、自分がはじめようとしている農作物が、規模の経済が効く作物なのかどうかを見極めるのは、とても重要です。

規模の経済が効くものは、大企業が参入している（またはしてくる可能性が高い）のです。

パプリカなどが典型ですね。こういうものはたくさん作ったほうが1個あたりのコストが下げられます。小規模農家が価格競争に巻き込まれてしまったら、圧倒的に不利です。

●初期投資が大きいものは参入障壁が高い。ということは……？

また、初期投資の大きさも重要です。

初期投資がある程度以上高いと、その作物を作ることに対する参入障壁が高くなります。

農業の生産コスト構成

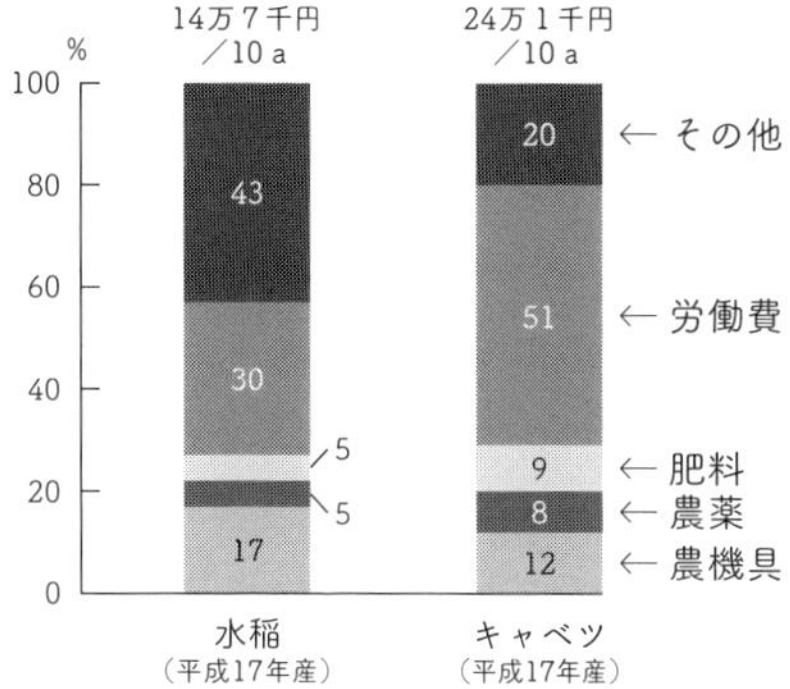

（農林水産省HP「食料供給コスト縮減に向けた取組」より）
注：農機具費には自動車を、その他には地代、種苗費、土地改良および水利費、生産管理費、利子等を含む。

固定費型（中でも大規模な農地を耕す「土地利用型」）作物の水稲、つまり米と、労働集約型作物であるキャベツとでは、生産コストの割合が異なります。米では地代、土地改良および水利費の割合が大きく、キャベツでは労働費（人件費）が高くなります。

典型的な土地利用型作物には、米、小麦、大豆があります。

また、必ずしも広大な土地は必要ないですが、大規模設備（栽培工場）を必要とする資本集約型作物——これもやはり固定費型です——として、マイタケなどのキノコ類があります。

労働集約型作物の典型は葉物野菜、果樹、花です。

作付面積規模別 米の生産費（平成24年産）

（農林水産省HP「主要農畜産物の生産等の動向（1）米」より）

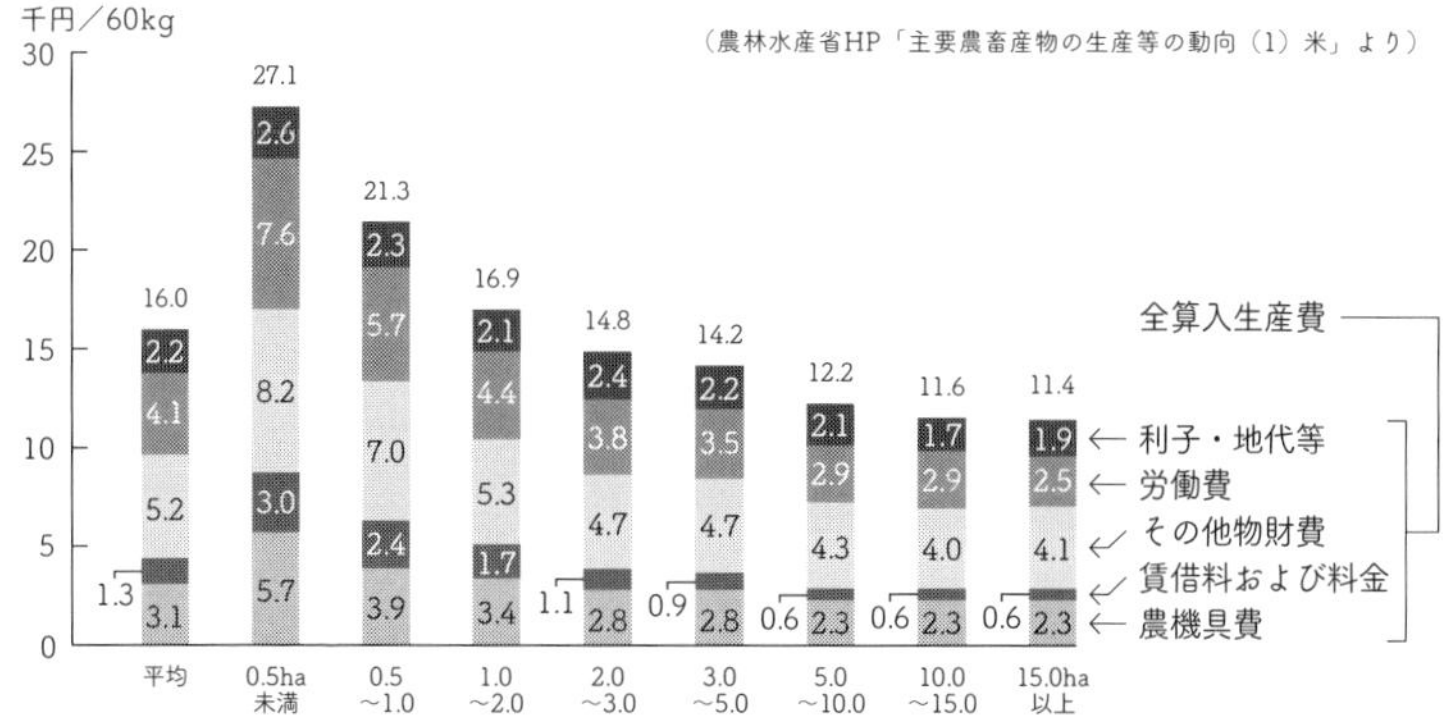

固定費型（土地利用型）の場合、作付面積の規模が大きくなればなるほど、キログラムあたりの生産コストが低下します（＝規模の経済）。大規模になればなるほど機械（トラクターなど）1台あたり、労働者ひとりあたりの効率が上がるからです。
しかし、キャベツのような労働集約型作物の場合、機械に労働を置き換えられない部分が大きいため、生産規模を拡大すると、その分労働費も増えます。こちらは規模の経済が効きにくいのです。

最初に必要な資金が大きければ大きいほど、個人や中小企業の参入は難しくなります。逆に言えば、そういう作物は新規参入が少ないですから、競争相手が少ない可能性が高い。

土地だけあれば誰でも作れるような作物は、簡単な分、競争相手も増えます。ですから「初期投資がかからないから、これをやろう」と安易に考えるのがいいとは限りません。

あるていどお金を最初に投じないといけないもののほうが、実は競争相手も少なく、1度参入してからはそこまで大変ではない場合もあります。

ここまでまとめると、

・作るのが簡単なものは単価が安く、大変なものは単価が高くなる
・規模の経済が効く作物（固定費型）の場合は、大規模な投資をして大量に作ると投資効率がよくなるので、たくさんお金を投じられる大企業に有利
・規模の経済が効かない作物（変動費型）の場合は、いくら投資しようが作物を作るコストはそれほど変わらないので小規模農家でも不利になりにくい。もっとも、販管費の部分では大企業と中小・個人で差が付くので注意が必要
・初期投資が少なく済むものは競争相手が多くなり、たくさん必要な場合は少なくなる

このように、リスクとリターンのバランスが意外と取れているのが農業ビジネスの特徴です。

だからこそ一概に「この作物・作型が儲かる」とも「儲からない」とも言えないのです。

観光農園って儲かるんですか？

●作物・作型のコスト構造（原価の構造）によって向き不向きがある

ここまでの僕の話は、しっかり頭に入っているでしょうか。

農業には絶対に「これがいい」というものはないのです。観光農園が向いている人、作物、土地もあれば、そうでない場合もあるわけです。

たとえば、イチゴやブドウの観光農園はたくさんあっても、モヤシやネギの観光農園はあんまり聞いたことがないですよね。

あるいは、めちゃくちゃアクセスが不便な場所に観光農園があって、電車もバスも全然出ていない、とかだったら流行ると思いますか？　厳しいですよね。そういうことです。

では観光農園をやるかやらないかはどういう基準で決めたらいいでしょうか。

ひとつは、コストストラクチャー（事業のコスト構造）による判断があります。

「摘み取って、パッキングして、売る」という出荷に関わるコスト（手間、人件費）が大きい労働集約型の作物の場合は、観光農園をやる経済的なメリットがあります。

イチゴやブドウがそうですね。農家からすればいちばんコストがかかる「摘み取る」という作業を、お客様がお金を払ってやってくれるわけです。

逆に、収穫に手間がかからないもの、たとえば機械でガシガシ収穫できたり、メロンみたいにパチッと取れてハコに入れる作業が比較的ラクなものは、そこまで経済的なメリットはありません。

ただし、観光農園をやると摘み取りコスト（変動費）は削減されますが、代わりに観光農園をやっていることをプロモーションするための広告宣伝費が必要になったり、来場者の安全に配慮した動線（オペレーション）の設計をしたり、そのためのスタッフを雇ったりといった固定費の投資が必要になります。

初期投資がガッツリ必要だったり、毎月・毎年一定の金額が必要になってくる固定費の割合が大きいビジネスを「固定費型」と言うんでしたね。

つまり、たとえばイチゴを摘み取って販売するビジネスから観光農園に切り替えた場合は、変動費型から固定費型に、ビジネスのタイプ自体が変わるわけです。

じゃあ、その場合にどちらのほうが自分たち向きだろうか、儲かるのだろうか、という点で判断できます。

●直接お客様とふれあいたい、たくさん来てほしい場合にもおすすめ

もうひとつの軸は、自分たちの方針ですね。

観光農園としてたくさんの人に来てもらいたい、最終消費者とふれあうのが楽しい、といった人にも向いています。

われわれGRAは、宮城県山元町にたくさんの方々に来てもらいたい、町おこしをしたいというミッションを掲げています。

その観点から、イチゴ狩りツアーも用意しています。

これは経済性からの発想ではなく「人を呼び込みたい」という意図ありきでした（もちろん、採算のことも考えていますが）。

ただ、新規就農して初年度から観光農園をやるという人は、あまりいないのではないでしょうか。

お客さん側の立場になって考えても、「今年初めて植えました！　どのくらい取れるかわかりません！」というところに行きたいかと言われると、せっかく行ったのに取れ高や質が微妙だったらイヤですよね。

ですから、新規就農者はまずきちんと作れるようになることが優先でしょう。

どう売るかは、そのあとの話です。

安定して作れるようになったな、という見込みが立ってからでも、観光農園をやるかやらないかを決めるのは遅くないと思います（もっとも、どうしても観光農園がやりたいと最初から考えている場合は、農地の立地選択を見誤らないように気をつけましょう）。

毎年バラつきがそれほどなく作れるようなフェーズになれば、年間の収穫量が全部で20トンだとしたら、10トンは契約栽培、10トンは観光農園といった分け方もできます。

6次産業化ってよく聞くけど、やったほうがいいんですか？

●安易な6次産業化をおすすめしない理由

6次産業化とは知恵蔵の定義では、

「第1次産業である農林水産業が、農林水産物の生産だけにとどまらず、それを原材料とした加工食品の製造・販売や観光農園のような地域資源を生かしたサービスなど、第2次産業や第3次産業にまで踏み込むこと」

です。

観光農園の話はさきほどしました。

では加工食品の製造・販売などはどうでしょうか？

あなたが食品の大手メーカーなのであれば、リンゴを作って、さらに「リンゴのジャムを作ろう」みたいなことを考えるのは悪くない選択だと思います。

でも個人や中小規模の農業法人には、おすすめしません。

なぜでしょうか。

個人であっても「自分のブランドのジャムを作ろう」と考える人はたくさんいます。

でも、考えてみてください。

6次産業化に取り組んだ瞬間に、競争相手は隣の産地や農家ではなく、大手食品会社のようなプレイヤーになるわけです。

どういう意味かわかりますか？

つまり、あなたの作ったジャムは、ナショナルブランドに対抗してスーパーマーケットの棚が取れますか？　コンビニに並ぶと思いますか？　どのような方法で置いてもらうんですか？　置いてもらえたとして、大手並みのスピードで店舗からの注文に対応したり、欠品が出たら補充できますか？

ということです。

すよね。

個人や中小企業が、スーパーやコンビニの棚でナショナルブランドと戦うのは難しいで

6次産業化は、メディアでよくこの単語が出てくるわりに、ほとんどのケースはそれほどうまくいっていません。「6次産業化」とは、農家が主語の単語、農家目線の言葉です。流通・小売り側(チャネル側)の都合が抜け落ちやすいのが大問題なのです。

「捨てるものがたくさんあるから、余ったものを活用しよう」という農家都合の考えだけではじめても、ロクなことになりません。

●大手ができないことで戦えるなら、アリ

そのへんの農家がオリジナルブランドのジャムを作ったとしても、それを流通させ、売るための広告宣伝費や営業スタッフの人件費といったコスト(固定費)を、大手食品メーカーと同じくらい投じられるかといえば、きわめて難しい。

中小農家がどうやって大企業に対して優位性を作るのかを考えてから、6次産業化を進めるべきです。

では、勝つにはどうしたらいいでしょうか?

ひとつのやり方としては、「大手が調達できないもので戦う」ことです。

具体的に言うと、たとえば「大手がコスト面で調達できないもので戦う」のです。

農家のほうが原材料の調達コストが安いことがあります。

イチゴのように摘み取りに手間がかかる労働集約型（変動費型）の品目の場合がそうです。変動費型の場合は、大手だからといって投資効率がよくなるわけではなく、中小農家より安く作れるわけではないんでしたね。

「安く作れるわけではない」どころか、大手企業だと、人件費をそれなりの金額払わないと生産することができません。

さらに言うと大手企業の場合は、農作物の生産に直接関わった人の直接労務費だけでなく、経理をはじめとする間接部門（直接的に利益を生み出さない部門。コストセンター）も中小農家よりもたくさん抱えていますから、そこにかかるコストの分も稼がないといけません。

それらのコストをイチゴの売価に転嫁する、つまり値段を上げて売らないと儲からないわけです。

対して農家は、良くも悪くも自分や家族が働いた分はタダだと思っている——言いかえれば、自分たちの労務費を無視してしまえば、大手よりも安く作れるわけです。

そうすると、イチゴ100％のイチゴジュースを作ったとすると、農家は製造原価に対する原材料費で、大手に勝てる可能性があります。

そんなにたくさんは作れないでしょうが、大手よりも安く作れ、その分を広告宣伝費などの固定費に投じれば、ある範囲内（一定の地域内など）では流通・小売りにおいて勝てる、または互角にわたりあうことができるかもしれません。

もっとも、これがイチゴが1％しか入っていないイチゴジュースになってしまうと、残り99％分の原材料の調達コストは大手のほうが圧倒的に安いでしょうから、農家が勝つことは難しくなります。

また、「大手がコスト面で調達できないもので戦う」でなくても、「大手がそもそも入手できない原材料で戦う」でもいいでしょう。

何かの理由であなただけが調達できる非常に良質な作物があるとか、特殊な製法で特許を取っているとか、そういう軸で、消費者のニーズがあるところで明確な差別化ができるなら、強い企画・ブランドが成立します。

もうひとつ、農家が大手に勝てるポイントは、地域密着性です。大手が入ってこられない、自分たちの場所で販売すればいいのです。

たとえば観光農園をやって、そこに来てもらい、来た人だけに売る、といったものです。とにかく敵を少なくし、自分のテリトリーだけで戦えば、その範囲では絶対に勝てます。

このふたつのうち、どちらかでやるならアリです。

大手目線に立つなら、そのふたつは避けたほうがいい、ということになります。キッコーマンがトマトの大規模農場に取り組んでいますが、彼らはデルモンテというケチャップなどのブランドのオーナーです。こういう企業がトマトを作って6次化するのはすごくセンスがいい。なぜなら、彼らが持っている販売網は日本有数のものだからです。

小売りの棚が取れて、ブランド力もある。そういう食品メーカーが自社生産するのは、まったく無駄がありません。それは勝てますよね。


僕たちGRAはイチゴのスパークリングワインを作っています。

普通にやったらLVMH（モエ・ヘネシー・ルイ・ヴィトン）のようなスパークリングワインの一流ブランドと戦って勝つのはしんどいです。マーケティングにかけられる予算の規模が、もうまったく違うのです。それを前提にどう勝つかを考えないといけない。

ですから、「彼らに調達できないもので勝負する」×「勝てる場所（チャネル）で戦う」の組み合わせでやっています。

具体的に言うと、全国向けブランドと地域密着型の製品を分けていますし、組織も分けています。

全国向けブランドのほうは、全国どこに出しても売れる、競争力のある商品を開発し、マーケティング予算も割き、販路を開拓する部隊も派遣しています。ポイントは、スパークリングワインを売っているチャネルを持っているソムリエと組んでいることです。売ってくれる人と組まないことには、売り場確保ができないからです。もちろんこれは、イチゴ自体が「ミガキイチゴ」という1粒1000円の高級ブランドとして認知されているから「そのワインです」というやり方で成立するわけです。

地域密着型のほうは、ジャム、ピューレのようなものをさまざまに作っています。ただし、地域の職人と組んでジャムを作る、地域のパティシエと組んでスイーツを作る、地域の酒蔵と組んでお酒を造る……といったかたちで「地域限定」感を出しています。また、ネット販売は一切していないので、たとえばイチゴ狩りツアーなどでGRAの農場まで来ていただかないと購入できません。「地域色が出ていないもの」×「ネットでいつでもどこでも買えます」を安易にやってしまうと、その瞬間、全国区での勝負（何の実績もない地方の農家の作ったジャムがいきなりネットで検索上位に来るでしょうか？　来ませんよね）になって厳しい戦いをすることになるだけでなく、せっかく現地に来てくれたときでさえ「あとでネットで注文すればいいや」と思われ、買って帰ってもらえなくなります。「地域色（地域限定感）」×「その場でしか買えない」

これが重要です。

６次産業化で重要なのは、大手が作れない、でもユーザーに刺さる製品や企画を作ることです。

しかし、ふだんマーケットからもっとも遠いところで仕事をしている農家が、消費者ニーズを敏感に察知した企画を提案できるかというと、現実的には相当難しいと思います。

オランダみたいに日本も農産物輸出大国をめざすべきだと思うんですが、どうですか？

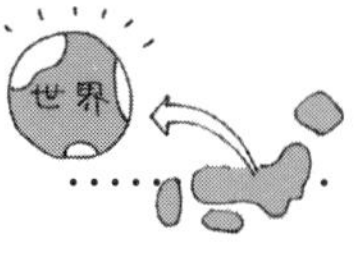

●ＡＳＥＡＮ市場は言うほど大きくないし、日本勢は負けている

少子高齢化が進むため、どうしたって日本全体の胃袋のパイは小さくなっていきます。

そこで誰でも思いつくのは「そうだ、輸出しよう！」ということです。

アジア圏への輸出に関しては、国のバックアップもあります。

じゃあチャンスじゃないか、と思ったかもしれません。

でも、よく考えてみてください。

ＡＳＥＡＮは広大なエリアを誇り、人口も多いですが、すべての国を合わせても、ＧＤＰ（国内総生産）は、日本の半分くらいしかないのです。

しかも、ASEANでの勝負で、日本勢は負けています。イチゴを例にとれば、シンガポールでの日本産のイチゴの市場シェアは、1％くらいしかありません。

同じく海を越えて来ているアメリカは5割、韓国は3割取っています。日本の産品は、ブランドや人気では一部は勝っていると言ってもいいかもしれませんが、ビジネスでは明白に負けている。なぜか。

アメリカ、韓国のイチゴは育種戦略（遺伝的な改良）が優れています。持ち運んでも壊れない、固いものになっているのです。日持ちがするわけです。売り手側からすれば、スーパーに長く置いておけるので、商品としての歩留まりがいい。ただし日本のイチゴほど甘く、おいしいものではありません。でも、ほとんどそれしか流通していないので、消費者もとくに違和感をもっていないのです。

韓国で作られているイチゴの品種のなかには、日本の品種を無断利用して輸出用に育種したものもあります。そのことで日本では韓国をバッシングする声があるのですが、利用されたということは、日本は本来、輸出に強いイチゴを育種するだけのポテンシャルがあったわけです。でもそれを自分たちではやってこなかった。そのスキマを韓国に突かれたのです。「俺らに断りもなく勝手に作った」と批判するのはいいですが、そもそも日本は輸出用の育種を本気でしてこなかったことが問題です。韓国は海外市場を見ていたからシェアを広げることができ、日本はマーケットを見なかったために戦略的には失敗したにすぎません。「盗られた」云々というのは単なる負け惜しみで、問題の本質はそこにありません（もちろんパクリはパクリであって、許されることではありませんが）。

日本産のイチゴはおいしいけれども、値段が米韓産の3倍くらいして、すぐ腐るのです。そうすると歩留まりが悪すぎて、海外の小売店からすれば置きたくない。日本イチゴは海外ではごく一部の富裕層向け、好事家向けのものであって、物量が売れるものではありません。日本の農家が「うちのは高級品だ。どうだ、いいだろう」というだけではまったくダメなのです。現地のマーケットを見て育種するとか、製造原価を抑えて価格競争で勝てるような工夫をしないと「ジャパンブランド」とか言っているだけでは、モノは広がっていきません。

これはイチゴに限った話ではなく、他の多くの作物についても言えることです。

オランダが輸出大国なのは、別に植物工場の技術が最先端だからという理由だけでなく、そもそも生産する品種を絞りまくって売れるものだけを徹底して作っていること、そしてヨーロッパは地続きで輸送コストがさほどかからず、ＥＵ加盟国は関税もかからないために、価格競争で圧倒的に強いからです。

「輸送コストがかからない……うーん、東南アジアがダメなら、お隣の中国は？」と思ったでしょうか。たしかに中国は巨大市場なのですが、同時に、輸入に対して非常に渋い国で、ほぼまったく入って行けません。食品に限らず、自国産業を育成するために保護政策を取っているのです。Googleすら追い出された国ですからね。

アジア以外はどうなんだ、ということについてこの本で詳しく書く余裕はありませんが、ひとことで言えば、輸出にカネを突っ込んで「やるぞ！」と息巻いたとしても、ブルーオーシャンなマーケットは広がっていない、ということです。

●輸出ビジネスは国内ビジネスより数段ハードルが高い

輸出ビジネスは、事業者単位でどうにかなる問題ではなく、国と国とのデリケートな関係性によって左右される点もあり、国内ビジネス以上に難しいのです。

「自分たちはこれを輸出したい」と考えていても、日本と相手国との政治的な関係が悪化すれば、実質的な参入障壁を築かれることがあります。

関税を高くするといったわかりやすいものだけでなく、植物検疫を厳格化したり、検査期間をわざと長くしたりして現地で販売できる期間を短くされたりといった影響を受けます。おそろしいことに、条約や法律を改正しなくても実行可能な参入障壁があるんですね。

関係が良好なときは問題ありませんが、そういうリスクがあることは頭に入れておいてください。

「輸出すれば儲かる」というのは神話です。

よほど恵まれたエリアに集中投資する、といったことをしないと難しいのです。

ただし、日本の国内マーケットは少子高齢化、人口減に伴いシュリンク（縮小）していきます。「輸出量をいかに増やすか？」という課題は、中長期的には必ず取り組まなければいけません。これから新規就農を考えている人たち、最近就農したばかりの農業法人であっても、海外に活路を見出さなければならない時代が遠からず来ます。

私たちＧＲＡは産出高の10％ていどを、戦略的に輸出用として生産しています。

ＡＩ、ＩｏＴ、ロボットを投入すれば農業も革新できるのでは？

●すでにある課題を解決するためにテクノロジーを使わないなら無意味

僕が宮城県山元町でやっている農場は、数億円かけて先端技術を投入した施設を作ったもので、「農業×ＩＣＴ」とか「ＩＣＴ技術を使って、イチゴ作り40年の匠の農家の技術をデータ化し、『見える化』する」とかよくメディアでも言っていますので、「良いテクノロジーを持っています」と語る企業からの売り込みがたくさん来ます。

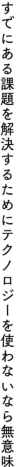

しかし、誤解があるといけないのですが、僕はＡＩとかＩｏＴとかロボットとか、なんでもかんでも新しいものに飛びついているわけではないんですね。

ＡＩやＩｏＴに限らず、農業に新しい技術を導入したり、実証実験をするときにはイシュードリブンであること、言いかえれば「問題解決に貢献するのか？」が重要です。「イチゴは労働集約型で、作業が大変だ。この問題を解決しよう」というような、特定の課題をクリアできるものでなくては意味がありません。

ＩＴでなくても、あらゆる技術がそうです。

たとえば、パイプなどを使って地面よりも高い位置で栽培する「高設栽培」という技術はなぜ生まれたか？

地面に植える「露地栽培」だと、ずっとかがんで作業するので腰がしんどいし、収穫に時間がかかる。さらに言うと、天候・温度に左右されやすい。こういった問題を解決するために使われています。

あとは、観光農園にしたときにも、高設栽培だとお客さんに見えやすいところに実がぶら下がっているので、露地栽培よりも見栄えがいい、ということも経営的にプラスに働く要素です。

技術が新しいか、新しくないかということは農業ビジネスにおいては重要ではありません。

経営に対して感度のいい技術なのか？　原価の大きいところに意味があるのか？　を考えましょう。売上が伸びるのか？　単価が上がるのか？　コストは下がるのか？　そのテクノロジーは、どの数字にインパクトを与えるものなのか？　成果が出るまでにどのくらい年数が必要なのか？　費用対効果は？　……当たり前ですが、こういうことを検討してください。業者から営業をかけられたときには、絶対に「何に対してどれくらいインパクトがあるの？」と突っ込んでください。

●最新技術だからといってすぐに成果が出るとは限らない

逆に言うと、「こんな技術が出てきました。おもしろいのでいっしょにやりましょう」みたいな、テクノロジードリブンではじめようとするのは危険です。

データをたくさん取りたい技術側にとってはメリットがあっても、農業をやる側からするとただの情報提供者になったり、試行錯誤に巻き込まれたりするだけのこともあり、もしそうなると本末転倒です。

AI、AIと騒がれて久しいですし、センサー系の会社が無数に農業分野にも進出して来ていますが、ほとんどは差別化できていません。目に見えて「役に立った！　業績が飛躍的に伸びた！」というところはまだあまりないと思います。

そもそもいまの人工知能は、データをたくさん集めないことには次の施策に活かせないですから、なかなかすぐ結果が出るはずもないのです。

囲碁ならＡＩ同士で高速で対戦させればデータがどんどん蓄積されていきますが、農業の場合は現実に存在する空間からデータを取るしかなく、何度も言うように、農業では植物の絶対成長時間の問題があります。

高速でサイクルを回すとか、一気に大量のデータを得るといったことが簡単にはできません。

「テクノロジーを使えばうまくいく」というのも、「輸出すれば儲かる」同様に、幻想です。

どういう点で、どのくらい農業ビジネスに役立つ技術なのかを見極めましょう。

近年の農業関連テクノロジー

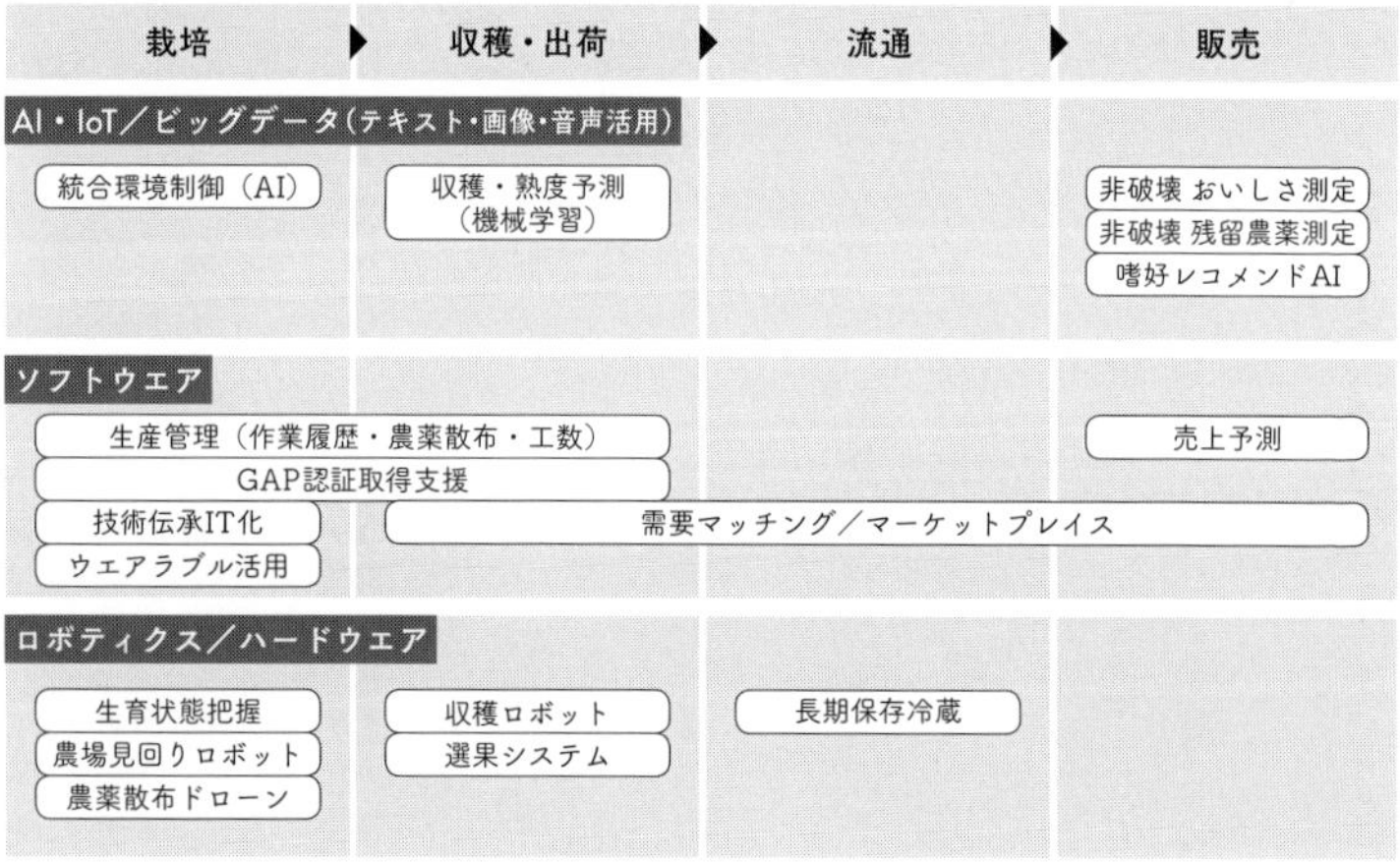

農家になったら「24時間365日」心血を注がないとダメですか？

●ブラック農家みたいな考えでは、従業員を雇うことができない

自分でそういう働き方をしたい、仕事とプライベートの区別なんてつけたくない、という人はそれでもいいと思います。性格的に「気になってしょうがない」という人もいますから、そういう人にムリに短時間労働をすすめることは難しいでしょう。

農業でも他の仕事と同様に、急にトラブルが発生して（あるいはトラブルを避けるために）長時間勤務が発生することはあります。

でも「24時間365日」不安を抱えながら働かなければいけないのが農業では当たり前であるとは、僕にはまったく思えません。しょっちゅうそんな事態が起きるのだとすれば、設備や仕事の進め方に根本的な問題があることを疑ったほうがいい。効率的に働く手段を考えるべきです。

生き物を扱う農業だからといって、「農家はまったく目を離してはいけない」と他人に強要するような発言は、個人的にはどうかと思っています。

本人が自発的に仕事に熱中するのはいいですが、「24時間365日打ち込め」と言われ

24

たら、従業員を雇うことは非常に難しくなりますし（法的には完全にブラックです）、家族経営であっても家族から不満が出ることは間違いありません。

驚くべきことに、若い農家でも平気で「24時間働け、休みは年1回だ」と言う人がいまだにいます。「世代が変われば農村は変わる」というのはウソで、古い農村のDNAが若い人にそのまま受け継がれてしまっているケースも見られます。

しかし、そんな考えでは、その人のまわりに人は集まりません。

従業員が雇えなければ、事業を大きくしていくことはできません。出て行くお金を増やしたくないから自分たちの労働時間を増やしてカバーしようとする、というのは、農業に限らず日本中あちこちで見られる光景ですが、少人数長時間労働でできることは、どう考えても限界があります。

くわえて、「24時間３６５日」というスタイルで仕事をすると、当然、休みが取れません。すると、たとえば旅行にも行けない。休みの日もすぐ農場に出られるように、家にずっといる。楽しみはといえば、夜、仲間と飲むくらい。そういう人と付き合うのは、近くに住む、似たような人が多くなりますから、思考が内向きになって、ますます考えをこじらせていきます。でも外の世界を自分の目で見ないと世の中の動きもわからないし、自分たちの立ち位置を冷静に見ることもできない。新しいアイデアだって湧いてこない。事業にとって本当にプラスになっているかはあやしいものです。

ひとりかふたりで長時間労働するスタイルをやめて、数人で分担してホワイトな労働時間、労働強度で働くようにすれば、もっと売上や利益が伸ばせるアイデアを得る勉強時間を確保できたり、自分に良いチャンスをくれる人との出会いを作れるかもしれないのに、自分たちでひとつの場に閉じこもることで、そのチャンスを捨てているのです。

それに何より、せっかくの人生なのに、職場と家の往復で終わっていくなんて、もったいないと思いませんか？

●労働強度をいかに下げるか

これからの地方における農業労働者は、放っておくとますます少なくなり、高齢化していきます。高齢者はもちろん、若い人だって、労働強度のきつい仕事はやりたがりません。長時間労働が必要だと訴えたら、まともな人はパートですら働きに来てくれません。

さきほど高設栽培の説明をしましたが、あれは露地栽培だとかがんでやらなければいけなかったものを、比較的楽な姿勢で作業ができるようにしたものです。つまり、ああいったものを導入すると労働強度が大幅に下がるので、人材調達がやりやすくなるというメリットがあります。腰の痛いお年寄りでも、イチゴの摘み取りができるようになる。このように、なるべくラクに心地良く働けるという環境を提供することは、競合他社との人材獲得競争において、優位になるのです。

働く人に対する環境をどう作るか？

これは今後の農業を考えるうえできわめて重要な視点です。

大変な思いをして安く作るのは、自分ひとりがやるのであればいいですが、人を雇ったときにやってくれるかどうかは別問題です。

イチゴをはじめ、多くの作物では、原価のほとんどが人件費です。つまり農業は、人に依存するビジネスなのです。ということは、いかに人を調達するか、雇えるかが大事になってきます。

人がやっている作業をロボットがやってくれるようになればいいですが、すぐには難しい部分があります。作物をどう栽培・管理するかという事業の川上部分に関するテクノロジーは、意外と進んでいます。「センサーを使って、熟しているイチゴを見分ける」といったことであれば、九分九厘うまくいきます。しかし、収穫して箱詰めをするという、事業の川下部分が難しい。「作物を収穫してパックに詰める」はまだまだできません。おそらく技術の発達は、日本の田舎の人口減のスピードに間に合わないと思います。

●魅力的なワークスタイルの提示が重要

こう書くと、とくに法人での参入を考えている人は「閉鎖的な田舎で果たして人は雇えるのか？　どこでどんな求人をすればいいのか？」と不安に思ったかもしれません。

もし現状では知り合いがいない新しい土地で農業をはじめるのであれば、一番良い方法は、借りた農地のオーナーさんに「誰か良い人はいないでしょうか」と紹介してもらうことです。農場にパートで出ている近所の人などを知っている可能性があります。

もうひとつのやりかたは、求人媒体に広告を打つとか、ハローワークに求人票を出すといった普通の人材調達方法です。

われわれの経験では、地域の新聞広告に求人を出すと、面接に来る方の8割は60歳以上です。80歳を超えているのに、若作りしてくるおばあちゃんもいます。それが現実です。多くの農業法人では日常的に「○○さんが癌《がん》になったようです」「脳梗塞で全開頭手術をした」「通夜がいついつ、あそこの寺である」といったことがメールで飛び交っていると思います。こういうことを前提にした労働強度や労働時間の設定をしないと、働いてくれる人を集めることは困難です。

若い人を雇用したいのであれば、「いまの仕事よりも、時間が自由になる」といった、ワークスタイルの提案、生活スタイルの提案をするのが、人を集めるコツです。たとえば「朝はサーフィンに行きましょう」と言ってみる、とかですね。僕はよく、朝6時から海に入り、8時に農場に行って働いています。朝6~8時というのは、都会のサラリーマンなら満員電車に揺られている時間です。その時間を好きなスポーツに使い、そのあと仕事に行けるのは、非常に豊かだなと思います。そういうことを若い人に魅力に思ってもらうことが重要です。人口減していく日本において、有望な若者は取り合いなのです。

また、外国人労働者の確保も、現実的に考えなければなりません。外国人研修・技能実習制度を使うと、最長5年間、働いてもらうことができます。

外国人というと色眼鏡で見る人が残念ながら少なくないのですが、閉鎖的になりやすく、流動性が少ない農村に外から人が来てくれることでインターナショナル感がもたらされます。これは、その地域にとってもメリットがあると僕は思います。田舎では都市部よりも人々が同質的で、均一性が求められる傾向があります。でも外国から人が来てくれれば、ダイバーシティがもたらされ、自分たちを客観視する、良いきっかけにもなります。

たしかに、外国人研修・技能実習制度を使って、別の目的をもって入国してくる人もまれにいます。しかし日本人でも突然いなくなる人もいますから、心配しすぎてもしかたありません。

もちろん、自身が農業技術を持たない新規就農者がいきなりこういった制度を使うことは非現実的ですが、将来的には視野に入れるべきです。

前時代的な「24時間365日」というワークスタイルを打ち出しても、少子高齢化の進む地方で労働力を確保することはできません。労働強度を下げて、分業し、働きやすい環境を作りましょう。

で、結局、何を入り口にしたらいいですか？

●農業体験は「労働者としての農家」の体験しかできない

ここまで読んできて、なるほど、なんとなくやってはいけないこともわかってきたし、不安も解消されてきた、という方もいるでしょう。

でもいきなり役所の農政課に行って「就農したいんですけど」と相談しに行くのも変だろうし、具体的にはどんなステップを踏んだらもう少しイメージできるようになるんだろう、と思っている人もいるかもしれません。

農業体験をするのはどうか？

悪いことではありません。農場で労働者としての体験はできます。実際に土いじりをして、植物と向き合うことをやっていけそうかをたしかめたい、という段階の人にはいいでしょう。

しかし、独立して新規就農する、ということは、たんに農作業をするだけではなくて、同時に経営管理もしていかなくてはなりません。ですが、農業体験ではビジネスとしての農業についてはほとんど何も学ぶことができないのです。

研究開発、品種の選定、生産、販売、マーケティング、地域との関係づくり、ヒトを育てる……といった全体が農業なのです。「作るヒト＝農家」ではなくて、農業経営は「作って、売るまで」です。農業の仕事は非常に幅広いのに、生産に重きを置きすぎているのが農業体験の問題です。「作ること」は外側からは目立って見える部分だけれども、農業の一部にすぎないのです。全体を理解することが重要です。

農業体験はあちこちでできても、農業経営をちゃんと教えてくれる場所は少ないのです。生産することと経営することとは違う仕事です。農家になるということは、イコール経営者として独立するわけですから、経営に必要なことを学ばなくてはなりません。

座学としては、市販されていて、自分の役に立ちそうな農業本はひととおり読みましょう。それからあちこちに行ったほうが、現地で手触り感のある情報が得られると思います。

●時間とお金があるなら農業大学校は良い選択肢

では、入り口として農業大学校はどうでしょうか。

農業大学校は、全国42道府県にあります。正直に言えば、ちゃんとしているところとしていないところがあるので、事前によく調べる必要がありますが、まともな学校を選ぶならば、良い手段のひとつだと思います。

たとえば僕は新潟県農業大学校の客員教授をしていますが、そこは全寮制で設備もしっかりしていて、田んぼ、畜産、施設園芸等々について幅広く、非常に質の高い授業をしています。

もちろん、決して安くない学費がかかりますし、卒業まで2年かかりますから「すぐにでも就農したい」「稼ぎながら勉強したい」という人には向きません。

また、農業大学校に通っただけでは、補助金のところで説明した「認定新規就農者」として認定されない場合があります。というのも、農業大学校は、農業技術の基礎を学ぶ場所だからです。経営についてももちろん学びますが、生産の基礎技術を学ぶ場所であるという側面のほうが強いと思います。また、農業大学校にある農場は「勉強のための農場」であることが多く、農場のサイズがリアルとかけ離れていることがあります。

ですから、そのあと農業法人に就職し、何年か研修して実際の農業経営を学んだほうが認定されやすくなるのです。

農業大学校以外にも、僕がやっているような民間の新規就農者向けのスクールや、自分が見込んだ農家への弟子入り、丁稚奉公という選択肢もあります。

どれが良いかはその人が望むことによるでしょう。

GRAの場合は「1年でマスター」というのがウリですし、農家への弟子入りは、時間はかかるかもしれませんが間近で匠の技が学べることと、その地域での強力なコネクションができることでしょう。

●農業ビジネスの全体像を学ぶことを意識してであれば、農業法人への就職もアリ

農業法人に就職・転職する、という選択肢も重要です。

ＧＲＡには宮城県にある農場で基本的にずっと働いている人もいますし、東京をベースに働きながら宮城県と行ったり来たり、という人もいます。

生産現場は地方の農場であっても、販売の現場は全国各地のマーケットですから、働く場所は都心部であることもあります。

とくにわれわれの場合は販路を自分たちで開拓していますから、マーケティングのプロ、営業のプロも雇っています。また、研究開発にも力を入れていますから、農学を専門にする研究員もいます。

そういう人たちも「就農者」なのです。

農業とひと口に言っても、職種はいろいろあります。農業法人によっては他業種で経験を積んだ、その道のプロを採用したいということが、ままあります。

「農業をやる」「就農」と言うと農業法人に転職するイメージがあまりないかもしれませんが、意外と語られていないだけで、そういう選択肢もあるのです。

すでに世の中に存在する農業法人で働けば、給与もわかるし、その土地のこともわかります。あるていど以上の規模の農業法人であれば、言ってみれば普通のサラリーマンです。

生活は安定します。

けれども、独立した場合と違って、作物・作型が選べたり、結果として働く時間が選べたりということはありません。

また、たとえば就職した法人で生産だけに関わっても「生産のプロフェッショナル」にはなれますが、「売り手のプロフェッショナル」になれるわけではありません。

将来的な独立を見越して、農業法人に入って数年間学ぶという選択肢はまったく悪くありません。ただし、その農業法人で、農業ビジネスのすべての工程を学べるか？　そこで働いただけではこぼれ落ちるものがあるのだとしたら、どうしたら農業ビジネスの全体を学べるのか？　そういったところまでしっかりと考えてみることも重要です。

●ロールモデル（お手本）を見つけよう

どのステップを踏むにしても、就農前には、実際の農業経営者に話を聞きに行き、生活や収入の目安を聞く、言いかえれば「ロールモデルを作る」ことが重要です。

自分のなりたい姿に近いことをやっている農業経営者を見つけましょう。

と言っても、有名農家である必要はありません。

メディアに出るような農家はバリバリやりまくっている人ですが、世の中には早朝と夕方だけ農作業して日中はパチンコをやって生きている農家もいるのです。月曜日から金曜日まで1年中働いているような平均的なサラリーマンよりも、はるかに多様な生き方、稼ぎ方をしている人がいるのが農家なのです。

ですから、いろいろな人と接してみることが大事です。

そこから、自分ひとりが食っていければいいのか、家族数人で暮らしていければいいのか、それとも地方創生を担うような革新的な企業を目指すのかといった経済面のお手本探しはもちろん、週休4日がいいとか、半分サーファーとして生きていきたいとか、家族といっしょにすごす時間を最大化したいといったライフスタイル面のお手本探しも合わせてしてみてください。

ちなみに各都道府県に新規就農相談センターはあります。

そこに行くと、フローチャートを書かされることが多いようです。

どこで就農したいのか、何を作りたいのか、施設園芸がいいのか……云々、と。

「こういうことを書いてね」と言われますが、ほとんどの人はいきなりは書けないと思います。この本に書いてあることをじっくり考えてから行ったほうがいいでしょう。

農業経営の基礎知識がないと記入できないし、基本的なこともわからないままに記入すること自体が無意味です。

新規就農相談カードの記入項目例（一部）

氏名・住所・生年月日・性別
職業
家族構成
農業経験の有無
日本農業技術検定（学科・実技）の有無
相談の経緯
相談内容（どんな農業がしたいか）

働き方

1　農業法人で働きたい
2　自分で農業経営をはじめたい
3　独立に向けて研修したい
4　農業経営を継承したい
5　その他
「1」と答えた人→ずっと勤めたいか、将来的には独立したいか
「2」と答えた人→必要な農地面積および用意できる自己資金
「3」と答えた人→研修を希望する期間および研修場所

希望地域

希望する経営スタイル

・作目

1　稲作	8　果樹
2　麦類	9　酪農
3　豆・いも・雑穀類	10　肉用牛
4　施設野菜	11　養豚
5　露地野菜	12　養鶏
6　花・観葉植物	13　その他
7　茶・たばこ等	＊具体的な内容（記入）

・有機農業を希望するか
・観光農業（レストランなど）を希望するか

しかも、役所の相談員の人たちは、農業の総合的な専門家ではないケースがあります。補助金に関する情報など、得意とする部分はそれぞれの人、機関にあるのですが、いかんせん役所の方は自分たちで農業経営をしているわけではないので、手触り感のある情報が得られないこともあります。

「こういうことをやりたいと思っている」と伝えたり「この場合はどうなんですか？」と聞いても、それぞれどれくらいの投資が必要なのかが窓口の人もわからない、といったことが起こりえます。

もちろん、悪意のある人はいないですから、うまく付き合えば間違いなくプラスになるのですが、そういうところに行く前に、調べたり考えておいたほうがいいことはあります。

何を考えるべきなのかは、次のページ以降に書いていくことにします。

第2部

農業をはじめるための6つのステップ

これから6つのステップに分けて書いていきますが、とくに重要なのは最初の3つです。

①農業をやる目的
②自分が望む生活スタイル（収入、時間の使い方）
③作物・作型（育て方、こだわり）

この3つは順番に考えてもらったほうがいいとは思いますが、実際には行ったり来たりしながら詰めていくことになるでしょう。

また、この3つがあるていど定まったら、このなかで優先順位を付けてください。いちばん大事なものがどれかを考えましょう。

優先順位を付け、この3つがおおよそ定まれば、そのあと考えるべきことは、おのずと決まってきます。

では、ひとつずつ説明していきましょう。

ステップ 1

農業をやる目的を言葉にする

いわゆる「ミッション」です。

就農者は「そもそもなぜ農業をやりたいのか」を、はっきりと言語化しておく必要があります。

なんとなく「都会の生活に疲れた、人間関係に疲れた」というふわっとした感覚から入ると、はじめたあとでミスマッチに気づき、「こんなの自分の思っていた姿じゃない」と思って「やっぱり都会に帰る」ということになりかねません。

目的があるからこそ、他の何物でもない農業を選ぶはずです。

「農業いいな」とか「農業、やるしかない」となって本書を手に取っている時点で、何かしら理由があるはずです。いまはまだ言葉にしきれていないのだとしたら、ぜひ掘り下げておきましょう。

農業をやる目的に応じて、その他にどんな選択肢を選んでいくのかは、絞られてきます。

僕の場合は東日本大震災を受けて故郷が津波で危機に瀕したことから、地元を復興させたいという思いを持ち、宮城県山元町を世界に誇れるプロダクトを持つ場所として有名にし、雇用を作り、人を呼び込むことを目的にしてはじめました。

ですから、山元町にもともとあった産業のうち「日本でトップになれるし、世界でも戦える」と思ったイチゴを選び、また、たとえば農協の流通経路は使わない、といったことを選んでいきました。

と言っても、別に大言壮語をする必要はありません。

「父親の遺言を守り、かつ妻子をちゃんと食わせることが自分の生き方だから」といったものでもいいし、「趣味のウィンタースポーツをする時間を最大化するために、冬に自由時間が確保できる仕事をやる」でも全然かまいません。

しんどいことがあったときに「なんで農業やってるんだっけ？」と立ち返ってこられるものを言葉として持っておくと踏ん張れるようになりますし、ひょんなところから一見おいしそうな話が来たときなどに軸がブレずに済みます。

また、「あの人があれをやってうまくいっているらしい」なんて話を聞いて、焦ったり、フラフラしたりして、なんでもかんでもやろうとすると、時間もお金もあれこれかかって、手が回らなくなります。

「何をやらないか」を決めて、自分にとって大事なことにもっとも力を注ぐためにも、「農業をやる目的」を心の真ん中に据えておきましょう。

ちなみに、われわれGRAの新規就農支援スクールに来た人に「農業をやろうと思った理由・目的」を聞くと、「田舎で自分で独立して食べていける仕事と考えると農業がいいと思った。手に職を付けたい。食べ物を作っているかぎり、食いっぱぐれないだろう」という人もいれば「家族でいっしょにいる時間を増やしたい。妻や子どもの顔を見ながら仕事をしたい」という人、あるいは「ある事業を経営していたけれども、その業界が立ちゆかないので新規事業を考えたい」という人もいます。

個人では「農業をやる目的」に、働き方の自由を求める傾向が強いと思います。

企業では当然、儲かること、従業員を食っていかせるための仕事を作ることが第一になります。

僕らはどんな理由であっても「そんな甘いもんじゃないよ」と言って追い返すことはしません。ウソのない理由、信念が核にあることが大事です。

ただし、その人がどれだけ具体的に農業をやりたいのかを、スクールに入ってもらう前の面接時には重要にしています。

本当にやりたいのか、やりたいとすればなぜかということを、彼ら自身が自分で導き出せるようにメンタリングしています。

もっとも、言語化が得意でない人は、最初は通りいっぺんの、表層的な理由しか言えないこともあります。

そういう人であっても、他に決めないといけない部分を考えているうちに、おそらくは自分のこだわり、譲れない部分や「あるべき姿」が改めてわかってくるはずです。

他に考えるべき部分と行ったり来たりしながらでもいいので、自分なりに、この仕事をやる目的、自分のミッションをはっきりさせていきましょう。

ステップ2
自分が望む生活スタイル（収入、時間の使い方）を決める

農業をやる目的を言語化することはできましたか？

では次に、自分がどういうライフスタイルを送りたいのかを決めましょう。

都会を離れてのんびり田舎に住みたい、家族といる時間を増やしたい、アウトドアスポーツを身近にやりたい、作物を育てることが好きだからそれに集中したい、とか、さまざまな理由があります。

年収に関しては、みなさんプライオリティが高いことだと思います。

いま現在どれだけ稼げていて、そこから就農して初年度、2年目はどのくらいに変わるのか。将来的にはどれだけを目指せるのか。そのイメージは持っておきたいですよね。

次に、どのくらいの労働強度（どれくらい大変）なのか、目標の年収が稼げるようになるまで、時間はどれくらいかかるか（かけられるか）、といったことの目安を定めていきます。

年収より何より優先したいものがあれば、もちろんそれを第一に持ってきましょう。

●農業は働く季節が選べる

たとえばウィンタースポーツをガッツリやりたい人の場合は、安定して収穫物の取れる品目を選んで、しっかりしたハウスで天候対策もし、春・夏・秋は野菜を作り、売り先は農協を通じて市場に出しておしまい！　にすれば、冬は自由です。そうやって冬は海外に行く農家もいます。

逆に、たとえばイチゴなら、冬に労働が集中し、夏は違うことに時間が使えます。

同じ品目でも、土地（作型）によって収穫期が違う、つまり繁忙期が変わることがありますから、場所（地域）も検討するといいでしょう。

昔は「農家は、オフシーズンは出稼ぎに行く」みたいなイメージがありましたが、いまだってポジティブな出稼ぎは可能です。夏は田舎で農作業をし、冬は都会で別の仕事するとか、その逆とか。

販路を農協に頼らず、自分で売るパターンの場合は、作物の収穫が終わったあとに売りに行くわけですから、そこがいわば仕込み期間になります。

ＢｔｏＢの場合（契約栽培や特定の流通・小売りに卸すケース）であっても、ＢｔｏＣの場合（直売所や通販で最終消費者に直接売るケース）であっても、お客様のニーズを聞き、セールスプロモーションの設計をするといった、マーケティング活動をする時間になります。

季節によって、労働の種類が変わるわけですね。

収穫シーズンは農場にこもり、それ以外は販路を開拓したり、お客様からのフィードバックを吸収して販売計画を立てる。

あるいは、契約栽培の契約を新規で取ってくる、とかですね。

もちろん、ひとりで全部やる必要はなく、組織のなかで分業し、夏も営業活動をやることで販売単価を上げる、という経営スタイルだってあります。

●労働時間の設計もできる

季節による時間の使い方、仕事の種類の配分だけでなく、1日の時間の使い方だって、作物・作型や売り方次第でかなり変えられます。

うちの副社長はイチゴ作りの達人なのですが、朝3時くらいに農場に来て6時まで仕事をし、朝ご飯を食べたらパチンコに行って、また夕方戻って来て仕事をするというスタイルで40年間生活しています。パチプロとカタギの仕事を両立できるなんて、他の産業ではなかなか難しいでしょう。

僕は趣味がサーフィンですが、サラリーマンだったら「良い波が来そうだ」というときに会社を休めないですよね。

でも農業なら、出勤は9時―5時がベースで毎日その時間帯がブロックされている、というわけではありません。

その日のうちの作業時間をスライドすれば、サーフィンしに行くことだってできてしまうのです(もちろん、品目や設備にもよりますが)。スポーツが趣味な人、あるいは選手には農業は向いています。

何度か例に出していますが、奥さんといっしょに働き、子どもといっしょにいる時間を長くしたいという人も、家族との時間を最優先にした働き方の設計ができます。

子どもに会社に来られたら困るという勤め人は多いでしょうが、農場だったら遊びに来られます。僕のスクールでも、もともとは東京でサラリーマンをしていた人が、子どもと奥さんとその人3人で寮に住み、卒業後は地方で家族との時間を大切にした、のんびりとした生活を目指している人がいます。こういう生き方は、すごく健全だと思います。

季節もコントロールできるし、毎日の時間もコントロールできる。

そういう自由度が農業にはあります。

さて、農業をやる目的と目指すライフスタイルが見えてくれれば、あとは、
じゃあ、どこで農業をしますか?
どういう作型で、何を作りますか?
経営規模はどうしますか?

それをやるのに、リスクはどれくらいあるのか？

初期投資の規模はどうしますか？

投資資金は自分で出しますか？ 借りますか？

売り先はどうしますか？

……といった具体的なことを考えていく段階に入ります。

そのあと、作物の作り方の具体論に入っていくケースが多いです。


もちろん、パターンはいくつかあります。

個人で、ある一定の年収レベルがあればよくて、自分の手に負える範囲でやりたいのであれば、自分の家のそばに畑を持ち（畑のそばに家を持ち）、規模はそこまで大きくなく、初期投資が少ないものをおすすめします。

法人、または個人であっても将来、事業規模を大きくしたいのであれば、たくさんのものを作っても十分にマーケットが大きい作物を選ぶ必要があります。また、どのように初期投資のお金を準備するかが重要になります。

自分がどちらに近いかをまずは考えるといいでしょう。

●農業ビジネスに従事する個人の「収入」が何なのかの定義は難しい

とくにやはり会社なら売上と利益、個人なら総売上と手取りの目標を決めるのは重要です。

もちろん、個人の場合はインカム（入ってくるお金）のほうだけでなく、支出がいまとどれくらい変わりそうかも調べましょう。東京などの都市部に比べて地方は家賃も安く、生活費がおさえられることが多いです。

目標の金額が決まると、作物・作型や取るべき販路の選択肢も定まってきます。

たとえば「向こう5年で夫婦の所得を800万円まで持っていき、以降はそれをキープする」という目標は、具体的でいいと思います。

一般論では、個人事業主の農業従事者であれば、売上から経費を引いたものが「所得」になります。所得に対して住民税その他の税金がかかってきます。

「手取りで800万円残す」ことをめざす、と言うと、「これとこれとこれを経費にして『所得』を下げたほうが税金が安く済みますよ」と言ってくる税理士もいるかもしれませんが（税理士と顧問契約を結び、申告書類作成を依頼した場合）、話がややこしくなるので、節税テクニックのことはそちらの専門家に相談してください。

ょう。

●手取りの所得を設定すると、ぐっと選択肢が絞られてくる

ともあれ、たとえば「夫婦で800万円手取りで残す」ことを目標に設定したとしましょう。

そうすると、トータルの売上はどれくらい必要で、原価がどれくらいかかるか、ということから、所得の計算をしていくことになります。

売上とコストに関する数字は、品目別の就農マニュアルを見ればわかります。

このあたりについては、ステップ4で詳しく計算方法を記していきます。

具体的な数字に落とし込む作業は、この本を読み終わったあとの最終段階でやってもらえれば大丈夫です。いまはまだチャレンジする必要はありません。

ただし最終的には「向こう10年間の売上と費用の試算を具体的な数字に落とし込む」ということ、また、その参考になる数字、データがだいたいどこにあるのかということを覚えてもらえれば十分です。

いまの段階では「所得とライフスタイルのイメージを持つ」ことをしっかりやりましょう。

ケース
1
転職としての就農
——研修生・高泉博幸さんの場合

高泉さんはGRAの新規就農研修生の2期生です。GRAではイチゴの栽培技術を1年で教えるだけでなく、10年の経営計画作成の手伝い、金融機関の紹介、農地の斡旋なども行っています。研修では「ハウス建設に大体いくらかかって、このくらいの規模でやったら、このくらいの収入を得られる」といったことも教え、また、できたイチゴの売り先は、GRAが品質に応じて買取価格を定めたうえで全量買取を約束していますので、研修生は「いくらで売れるんだろう」という不安はありません。ご自身では「保守的な人間だ」と

高泉博幸
（ＧＲＡ新規就農研修生）

分野：施設園芸単一品目

1986年、宮城県石巻市生まれ。2017年研修入学。高校卒業後、大手警備会社に入社し、12年間勤務。「仕事を通じて人の役に立ち、人を幸せにしたい」という自分の想いを、もっと叶えられる方法は農業かも、と考えていた。テレビ番組『ガイアの夜明け』でＧＲＡの新規就農支援事業が取り上げられていたのを観たことから、17年7月、GRAイチゴアカデミーに入学。2018年新規就農予定。イチゴを安定供給できるようにし、観光農園を作り、地元の子どもたちに提供できるサービスを生み出すことが目標。

語る高泉さんが転職して農業に飛び込んだのも、サポートの手厚さに安心したところがあったからのようです。

さて、高泉さんの「農業をやる目的」とはなんだったのでしょうか？

「前にやっていた仕事は、もともと夢があったわけでもなく、人の役に立てる仕事に就ければいいかなと思って就いたくらいでした。使命感みたいなものはあったけれども、自分の中で満たされないものがあったんです。もっと人を幸せにできる、笑顔を人に与えられる仕事が自分には必要なんじゃないかなと。前に勤めていた会社の仕事は自分が作り出したサービス、商品ではなかったですし、そこに満足できない部分もありました。イチゴ作りなら、それができるんじゃないかと。

もうひとつ大きい理由は、家族です。家庭の事情もあり、石巻にいる家族――母親とおばあちゃん、妹――も山元町に来てもらって、家族いっしょにやっていけるものってなんだろうと思ったときに、農業かなと」

自分で何かを作っているという「手ごたえ」と、「人を笑顔にできる」イチゴという果物、それから「家族でできる」という3点が組み合わさっての選択だったわけですね。

「石巻の実家で祖父が米作りや野菜作りをやっていて、小さい頃にその手伝いをしていたので、農業という仕事は身近な存在ではありました。ただ、それなりの会社にいて収入も安定していたので、同居している恋人や当時の会社の上司からは反対されましたね。農業は年寄りがやっていて、肉体労働で、収入は少なくて、休みもない、みたいなイメージは根強いです。私がやろうとしているのはGRA式の自動化した高設栽培ハウスですから、労働強度はそこまで高くはないですし、買取価格も決まっていてそれなりの所得が見えているのですが」

ただ、反対されても意思が固まっていたので、それで揺らぐことはなかったそうです。

では高泉さんが「望む生活スタイル」は？

「収入は家族が食べていけるレベル、一般のサラリーマンと同レベルであればいいなと。研修する前は、ちゃんと生活していけるのかが一番不安でした。でも、GRAさんの過去の収穫量などのデータを元に収支計画を立てると、なんとかなるのかなと思っています。初年度は前職よりも所得が少なくなるところを150万円の給付金でまかない、5年目には所得が390万円くらい、6年目には500万円前後をめざしています。

労働時間は、昔の職場は早いと朝7時、遅いと夜23時まで働いていて、1度帰宅しても何かあればすぐ会社に戻らないといけなかったりしたんですが、それに比べれば少なくなるはずです。もちろん、肥料を撒いたりするのは手間がかかりますし、収穫、選果、パッケージ作業には時間がかかりますけども」

GRAのサポートが手厚すぎて一般的な新規就農者の参考にならない、と思った方もいるかもしれませんが、弊社のような農業法人の研修プログラムを1～2年利用して技術やコネクションを手に入れる、または長期雇用を前提に転職するのも選択肢のひとつです。

「農業をやる目的」と「望む生活スタイル」を考え、合致するかどうかを考えてください。

ステップ 3

作物・作型（育て方、こだわり）を考える

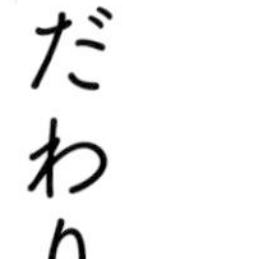

農業をやる目的と、ライフスタイルのイメージはできてきたでしょうか。

作物・作型の選択も非常に重要です。

「基本的に好きなものを作ればいいって言ってなかった？」と思いましたよね。

「自分がこれを作りたい！」という思いはいちばん重要です。

でも、すべての物事にはウラとオモテがあります。良いところもあれば、悪いところもあります。その両面を見てから決めましょう。

逆に「何が作りたい？」と聞かれてもわからない、困る、という人もいるでしょう。まったくそのとおりで、「何が作りたい？」といきなり聞かれても難しいのです。だからこそ、農業をやる目的とライフスタイルを定めておく必要があるのです。

たとえばということで、いくつか選び方のパターンを挙げておきましょう。

・農業をやる目的から考える

僕たちＧＲＡの場合は宮城県山元町を復興させるために「産業を創る」＝「イチゴを作

る」という明確な目標がありました。

でも、イチゴが儲かる見込みがなく、ものすごくマーケットが小さいものだったら、他のことをやっていたと思います。「故郷に産業を創り、そこに人が来て家族を作るようになる」（人口流出、限界集落化を食い止める）ことを目的にしていたからです。

・好きなものを作る

とはいえ、自分自身がイチゴが好きだったことも大きかった。イチゴは見た目がかわいいし、作っていて楽しい。イチゴ狩りツアーをやったら、たくさんの人が食べに来てくれるなというイメージも湧いた。ジャムにしても、ジュースにしても、何にしてもおいしい。とにかく、笑顔が量産できるフルーツだなと思ったのです。

ですから、マーケット分析と直感の両方が必要だと思います。

自分が作りたくないものにずっと触れているのは難しいですから「自分が作りたいものを作る」という人は多いです。独立して就農する場合は多かれ少なかれ、この要素は無視できません。ピーマンが嫌いな人がピーマンを作るわけがない。自分が好きなものを作るほうが絶対に楽しいし、やりがいもある。農業をやっていて強く感じるのですが、やっぱり収穫の喜びは格別なものがあるのです。どうせやるなら自分が好きなものがいいでしょう。

・理想の生活から考える

自分の理想の生活と結びついているパターンでは、少量多品目栽培にして、それだけで家庭をまかないながら、少数のお客様に売るというやり方をされている場合もあります。

また、大規模な投資をしてもペイするからという経済的な理由から、イチゴやトマトのように大きなマーケットがある作物を選ぶことも法人参入組では多い。

・売上がブレないことを重視する

あるいはボラティリティ（バラつき度合い）の低さを重視し、生産の再現性が高い作物・作型を選ぶパターンもあります。たとえばレタスの人工光型の植物工場などがそうです。これは会社が施設を準備しさえすれば、基本的に毎年同じような規模とコストで再生産が続けられます。

市場の相場が事前にわかり、生産量も事前にわかるわけですから、保守的な企業であっても投資の稟議が通りやすい。さらに契約栽培などで販路と売り手がマッチングされていて、売価が決まっていれば、より安定するでしょう。

もちろん、中長期的にはレタスの値段のトレンドに影響を受けますから、まったくリスクがないわけではありませんが、相当に低い部類に入ります。

ここまでは、農業をやる目的は何か、どんなスタイルがいいか、どれくらい自己資金があるか、あるいは自分の強み・弱みといった「内部環境」から検討してきました。

しかし、作物・作型選びをするにあたっては、内部環境だけではなく、マーケットの動向や競合他社の動き、人口動態といった「外部環境」を正確に把握することも大事になります。なぜなら外部環境の変化には、個人ではあらがえないものがあるからです。

ですので、どんなケースであっても、作ろうとしている品目の、直近10~20年くらいの生産量、消費量、市場の平均価格の推移をざっと調べましょう。

これは農林水産省のサイトや、農業関連の白書に掲載されています。

その際、以下のポイントに注意してください。

●消費量が少ない作物は難易度が高い

消費されている絶対量が多い作物に関しては、比較的安心です。豊作になりすぎても、多少不作でも、どちらの場合も市場が吸い込んでくれるからです。

しかし、消費量が少ない品目は、量が多いものに比べるとビジネスとしての難易度が高くなります。

一定のマーケットはあるけれども市場のサイズが小さいものに関しては、価格変動が大きくなるのです。これは農作物に限らずそうですね。

１００人買い手がいる市場と、10人しか買い手がいない市場なら、ひとりの行動が与える影響は、人数が少ないほうが大きくなりますよね。

10人お客さんがいるつもりで作ったのに、そのうち3人くらい「やっぱり買うのやめよう」となったら、影響が大きい。

そして、そういうマーケットに対しては、作り手（売り手）側は最初から「お客さんは10人しかいない」と思って作るわけですから、もし不作になって「今年は5人分しかない」となったり、突然ブームが来て「がんばっても20人分しか作れないのに１００人分ほしいと急に言われるようになった」なんてことになれば、価格は大きく動きます。

たとえばマンゴーがそうです。トレンドの影響を受ける、嗜好性の高い作物です。宮崎で有名な知事が出るとブームになって価格も上がったけれども、ブームが終わると価格が一気に下落。２００7年には全国平均価格が1キロ４９２2円まで高騰しましたが、出荷量が増えすぎ、わずか3年後の２０１０年には３１９８円まで落ち込みました。

でもイチゴのように青果売り場の目立つところに置いていて、毎日いろんな人が買っていくようなもの、一般的・日常的によく食べられているものであれば、価格の変動は比較的小さいです。

マーケットのサイズで難易度が違うというのは、単純に、日本で英語のスクールをやるのと、インドネシア語のスクールをやるのと、どっちが大変ですか、ということを考えてみれば、わかりますよね。

ただ、もちろんこれは「マンゴーはやるべきではない」という話ではなくて、マンゴーは「そういうもの」として戦略を立てていきましょう、ということです。数はそんなに出ないことは前提として、マーケティング、ブランディングに投資をして、高値で売るやり方を考えよう、とかですね。ただ、「たくさん作って、農協を通して市場に売る」ものに比べれば難易度は高い。

●「作るのが簡単で単価が高い＝新規就農者におすすめ」ではない

じゃあ、農業初心者でも比較的手を出しやすいものはなんですか？　とよく聞かれます。

世の中に出ている「農業初心者にもおすすめ」みたいな情報は、単純に「作るのが簡単」なものが推薦されていることが多いのですが、この考え方は問題があります。

たとえば近年、ハーブが人気です。薬物で、けっこう簡単に作れてしまうわりに、需要が伸びていて、売価が上がっているからでしょう。

注意しなくてはいけないのは「マーケットが伸びている」と言っても、もともと嗜好性が高い、ニッチな商品ではあるわけです。ホウレンソウみたいにおひたしにして、しょっちゅうどこででも食べられているとか、栄養を取るために食べるものではありません。ハーブやパクチーのように、作るのが簡単で単価が比較的高いものが放置されている（いた）理由は、ニッチだからです。そういうものを見つけて参入しても、一瞬は儲かるけれども、ポッと大きな業者が入って、安く大量に年中作れるようになると、単価が急落します。消費の絶対量が少ないニッチ作物には、単価が高いからといって簡単に飛びついてはいけません。好きで作っても、安くしか売れなくなってしまったら、食っていけなくなってしまいます。

また、「ネギがいいよ」とか「ナスはラクだよ！」とか言う人がいるのですが、ラクなものはその分、参入する人が多い。

マーケットが大きくて、作りやすいものは、悪くはありません。けれども、作るのが簡単な分、競争相手も多いことを忘れてはいけません。

もちろん、「〇〇がいいよ」とおすすめしてくる人は、ほとんどの場合は自分が好きでやっている、自分がうまくいっているから他の人にも推薦したいだけで、悪気はないのです。

僕だって、新規就農スクールではイチゴの作り方を教えているわけで、そういう意味ではイチゴをおすすめしています。

すでに経験のある作物・作型に関しては良い部分も悪い部分もわかっていて、ノウハウもありますから、そういうものを他人にすすめるのは当然のことです。

ただし、他人がおすすめしたり、教えてくれるものは、あくまでもその人のスタイルであって、たとえば「ネギを大量に作る」ということが、自分のやりたい経営スタイルと合っているのか、農業をやる目的と合致しているのかが問題です。目指している方向が全然違うなら、まるっと受け入れることは危険です。

だから僕は「絶対イチゴがおすすめです」とか「これがいいですよ」と単純化して新規就農希望者に答えることはしません。

●将来的に市場が激減しそうなものは避けよう

もったいつけないで、もっと具体的に選び方のポイントを教えろ、と思ったでしょう。

作物・作型選びをする際、絶対に外してはいけないのは「将来的にマーケットがなくなりそうなところにつっこむのは危険」というものです。

「作るならこれかな」という目星があるていど付いたり、「事業を親から相続するから、これをやるしかない」という段階の人は、その作物の市場規模と中長期のトレンドを見ましょう。

たとえば、10年以内にマーケットが消え失せる、激減するような作物を選んではいけません。新規就農者が、すでにダウントレンドになっている品目を選ぶのは基本的には避けたほうがいいです。

●輸入の脅威が大きいもの、政府の方針に左右されるものも難易度が高い

また、輸入作物の脅威が大きいもの、国が決める農業政策に依存するもの（補助金が死活問題になるくらい変わってしまうもの、法律がわりと頻繁に変わって対応が大変なもの）は難易度が高いです。

代表的なものは米です。１９７０年以来、日本で長らく続いていた減反政策が２０１８年に、ついに廃止されます。これからは無制限に誰もが米を作れるようになる。すると、この先、米価がどうなるかはわかりません。これまで「これくらいの価格で売れるだろう」と逆算して設備投資をしてきた人は、あてが外れる可能性が高い。米は、政府の方針で輸入作物に対して高い関税がかけられていることも、国内価格を維持する大きな要因になっています。でも、これも中長期的にはどうなるかわかりません。

もっとも、そもそも「これを作っちゃいけない」と制限している作物なんて米以外にはほとんどありませんが、他の作物を検討している人であっても、農業関連の政策、法律の動向は押さえておきましょう。

●日本人全体のライフスタイルの変化も考えよう

メロンを例に出してみます。

約30年前の1988年には、メロンは国民ひとりあたり年間約1000円買う果物でした。それがいまではざっくり言うと500円以下しか買っていません。もっとも、30年前にそうなっていくことがどれくらい正確に予測できたかはわからないのですが、いずれにしても結果としては、当時「国民ひとりあたり1000円のマーケットがある」と思ってメロンに投資をした人は、失敗しているケースが多いわけです。

作ろうとしている品目は、どんな消費のされかたをしていることが多いのか、これからどうなっていきそうなのかを把握しておくべきです。

もちろん、自分の思い込みだけに頼るのではなく、市場規模や購買者ひとりあたりの単価といった各種データを押さえたり、お客様にヒアリングしましょう。

メロンはなぜこんなに落ち込んでしまったのか。

かつては贈答用マーケットでの消費が大きかったからです。

メロン以外にも、お中元・お歳暮といった贈答文化自体が衰退していく流れにモロに影響を受けた商品は少なくありません。

昔は高級品は贈答用でしたが、いまは実需、つまり自分で良いものを買って食べるようになっています。

また、丸くて大きくて切って食べるものは、核家族化、少子化が進んでいくなかで、どんどん消費量が減っています。食べきれなかったり、切るのが面倒だと思われてしまったり、あるいはそもそも核家族用の小型冷蔵庫には入りきらないからです。

メロンの消費は本当にハイエンドな高級品か、安いものかの二極化が進んでいます。中価格帯で攻めていた人たちがいちばん苦労しています。

もうひとつ身近なところで、ミカンも例に出してみます。

1980年代までなら、ミカンと言えば「箱単位で買ってコタツで食べる」という絵が思い浮かんだことでしょう。しかしいま、どれくらいの家庭にコタツがあるでしょうか？ミカンを段ボールで箱買いしますか？

きっとほとんどの人は、袋単位で買っていると思います。箱で買っても食べきれないし、あげる人がいないですよね。近所付き合いが少なくなってきているわけですから。

つまり、最小購買単位が変わっています。そうなるとどういうものが売れるのか（消費者目線で言えば「どんなものが買いたいと思うか」）が昔とは違ってきますよね。

●数字の向こう側にある、人間の心理を見る

こんなふうに、あらゆる食べ物の消費動向は、社会の移り変わり、生活の変化、景気・経済の変化に影響を受けます。

では、どうやって調べるのか？

一次情報、データにあたり、ここ10～20年のトレンドを把握することが重要です。

作物のマーケットサイズを調べるのは簡単です。

やはり、まずは農林水産省の統計を見ましょう。ネット上だけでも膨大なデータがあり、傾向が把握できます。

僕の場合、イチゴに関して政府のサイトだけでなく、政府系の機関が発行している白書もしらみつぶしに調べました。

ただ、各種サイトや白書には、数字やグラフは置いてあっても「なぜ伸びているのか？なぜ落ちてきたのか？」という理由、背景までは書いていないことが多いです。そこは自分で考えたり、日本人の消費動向全体の変化について書いた本などを読んで補う必要があります。

また、農協を通して出荷することを選択するにしても、自分の作っている作物のエンドユーザーはどういう人で、どう食べられているのかを、この目で見るようにしましょう。最終消費者が何を考え、何を求めて買っているのか。その感覚がズレていくと、設備投資や生産計画の意思決定を誤る可能性があり、危険です。

農協を通す場合は出荷してしまえばおしまいなのですが、それでもお客様の感覚を肌で知っておくに越したことはありません。定期的に直売所に顔を出すなりして、つねに消費動向をつかんでおくべきです。

●世界全体の中での動向も見てみよう

国内の動向があるていど見えたら、「世界の中での日本のマーケット」という視点でも見てみましょう。

先ほど、「輸入作物の脅威が大きいもの」は注意したほうがいい、と言いましたが、いまのところそれほど脅威が大きくないものでも、海外の動向はざっくりわかっていたほうがいいです。

日本は人口も減っていき、経済的に劇的に上向きになることは考えにくい状況です。農産物の市場も全体としてはシュリンクしていくことが避けられません。

もし上昇トレンドにあるなら自社や自分の産地が日本の中でどう立ち回っていくか考えるだけでもよかったのですが、パイが減っていくことを考えると、やはりどうしても、世界の中で自社、自分の産地、その品目のビジネスがどうなっていくのかを見る必要があります。

「農産物の輸出は、言うほど簡単じゃない」という話をしましたが、とはいえ、ロジスティクス（物流技術）が発達するなかで、世界中の距離が縮まっていることも事実です。輸出も、輸入も、やりやすくなっていくという前提でアンテナを張りましょう。

もっとも、就農前に具体的に考えるのは難しいと思いますから、現時点でアイデアを出す必要はありません。

ただ、つねに「打って出られるチャンスはないのか？　いざというときには世界でどう戦うか？」「世界の中で競争力のある作物を作るには？」といったことを忘れないほうがいいでしょう。

日本語のサイトでも他国の農業や飲食業関連のニュースや分析記事はそれなりに読めますから、定期的にチェックするようにしましょう。

自分が作っている品目が、たとえば「隣国でおいしいものが大量生産できる技術ができた、輸送コストもそんなにかからないし日本進出を狙っている」みたいなことになると、商売が厳しくなります。

対策を考えたり準備したりするにも時間やお金がかかります。脅威の種は早めに見つける、そして早めに手を打てるように目を配っておきましょう。

可能であれば、英語の農業関連サイトやニュースも読んだほうがいいでしょう。

日本語以上に英語では農業関連の情報がネットに転がっています。本当に大事そうな情報は、時間をかけてでも読むべきです。

外部環境を検討した結果、

- マーケットサイズがあるていど以上ある
- マーケットでの単価が安定している（乱高下したり、下降トレンドにはない）
- 中長期的にその作物・作型が維持できそうである
- 世界的な視点で見たときに、日本でその作物を作ることは持続可能で優位性がある（輸入作物にやられてしまう可能性が高くない）

となれば、いよいよ作り方、売り方の具体論に入っていきます。

もちろん、これにあてはまらなくても、対策が可能なのであればチャレンジしていいと思います。土地を相続するなどの理由から「全然あてはまらないが、これを作るしかない」というケースもあるでしょう。そのときは、その品目なりの戦い方、勝てるやり方を練るしかありません。

●作りたいものがあるなら、妥協で他の作物を選ぶべきではない

ここまでいろいろと「ちゃんと検討してくださいね」という話をしてきました。

ただし！　そのせいで本当にやりたいものがあるのに「やめておこう。違うものからはじめよう」みたいな妥協に至っているなら、それはおすすめしません。

違うものを作っても、「本当にやりたいもの」につながる経験は蓄積されないからです。

今年はじめないと、次のチャンスが来月ではなく来年になってしまうのが農業です。

時間よりも大切なものはないのです。やりたいなら、すぐやるべきです。農業では、1年の差は大きい。

また、設備投資にも関わってきます。

ハウスは基本的に特定の作物向けに建てますから、将来、別の作物を作れないことがあります。転作するのは難しいことが多い。もし「まずこれをやり、次にこれをやる」というプランでいくのであれば、最初から転用できるハウスにする、ひとつのハウスで両方できる品目選びをするほうがいいでしょう。

僕たちGRAでは、イチゴ用のハウスを作るときに、将来的にトマトも作れるようにしました。トマトではツタがつたう（誘引ができる）ものである必要があり、それはイチゴ専用ならば不要なのですが、トマト栽培を見越してそうしました。なぜイチゴとトマトだったのかにはいくつか理由がありますが、たとえば、ふたつともマーケットが大きいことが挙げられます。

●多品目をうまくやるための考え方

少量多品目でやりたい場合でも、基本的にはひとつずつ品目を増やしていくパターンをおすすめします。最終的にどういうポートフォリオになるかを思い描きながら、ひとつを覚えたら次、また覚えたら次、としていくほうがいいでしょう。

多品目を作る場合には、当然ながらひとつひとつを覚えるよりも習得に時間がかかります。そして、それぞれの作物ごとに難易度が異なります。

「ひとつずつマスターする」のではなく並行して手をつけてしまうと、難易度の高い作物の作り方の習熟度合いが中途半端になる可能性が高いです。

多品目で成功している事業者を見ると、トマト担当のプロフェッショナル、キュウリ担当のプロフェッショナルといったかたちで、それぞれ専門性を持った人が分担してやっていることがあります。多品目を闇雲に作っても中途半端になることが多いので、法人の場合はとくに分担制をおすすめします。

もっとも、ひとりないし家族経営であっても、労働負荷が高いシーズンが夏と冬など、分散するのであれば大丈夫なケースもあります。

ひとつに専念するのではなく、組み合わせで考えること自体は全然悪いことではありません。そうしている農家も多いです。

組み合わせる目的として大きいのは、経営上のリスクを分散する（ポートフォリオを組む）ということでしょう。ある作物の市況が悪くても、他の作物で補えるようにするわけです。

もちろん、売上・利益を最大化したい、という目的から多品目を選ぶ場合もあります。目的に応じて、土地利用型（露地）と施設型、夏に労働負荷が高いものと冬に負荷が高いもの、工数がかかるけれども単価が高いものと、単価は安いけれども放置しておいても育つもの……といった軸で吟味して、組み合わせるといいでしょう。

作物の品目を増やすことだけでなく、ひとつの作物であっても、6次産業化することでリスクを軽減させることは可能です。

と言っても、第1部にも書いたとおり、基本的には安易に6次産業化するのはおすすめしません。ただ、やり方次第では収穫シーズン以外に2次産業（加工食品作りなど）や3次産業（観光農園など）的な事業をすることで、ヒマなシーズンを作らず年間通して雇用を作る、といったこともできます。

さて、

- **ステップ1　農業をやる目的を言葉にする**
- **ステップ2　自分が望む生活スタイル（収入、時間の使い方）を決める**
- **ステップ3　作物・作型（育て方、こだわり）を考える**

ここまでおおよそできたら、今度はもっと具体的な数字に落とし込んでいきましょう。

ケース
2

多品目露地栽培という選択
——内藤靖人さんの場合

内藤さんは「新規就農者の受け皿になりたい」という志があり、そのために様々な作物を作れる技術を持ちたいという理由から多品目を手がけています。とはいえ、無数にある作物の中から、どんな基準で選んだのか？

「まず、作りたい野菜として『元気になれる野菜』ニンニクがありました。それから、田んぼを借りるときにマコモタケという野菜（正確にはイネ科の作物）を作りはじめました。これは田んぼで作れるという珍しい野菜です。台湾が主な産地ですが、日本でも定番になるのではと思い、山元町の特産品になっ

内藤靖人

分野：露地野菜多品目

1985年、埼玉県新座市生まれ。宮城県山元町在住。
東洋大学社会学部卒業後、トヨタの新車販売ディーラーで営業マンとして勤めるが、キャリアに悩み2010年に退社。11年に東日本大震災が起こり、母の実家のある宮城県にボランティアに。そこで出会った地元の人に「山元町は人がいなくなっていく町だ」と言われたこと、いっしょにやっていたボランティアに「農業に興味はあるけど、やり方がわからない」という人が多かったことから「自分が農家として成功すればモデルケースとして就農希望者を町に呼べる」と思い、宮城県の農業研修（半年間）を経て、2013年夏にひとりで就農。現在は研修で知り合った仲間とふたりで共同経営だが、将来的には拡大をめざす。

たら町をPRできるだろうと。そのあとニンニク、マコモタケに関係する作業が忙しくないときに作れる野菜を選んでいきました。

ネギ、タマネギは、価格が安定していて、栽培に関して手がかからず、収穫の時期を逃しても意外と大丈夫という理由で選びました。一般的には9月収穫がいいのですが、11月に取っても大丈夫。カボチャも作るのが容易で、収穫してから保存がきくため、売り方が調整できるのでメインにしています。同じく、栽培に手がかからないサトイモもやっています。

ナスは『米ナス』という大きい品種を選んでいます。これは収穫の手間を減らすため。一般的な小さいナスだと手間がかかる。これと同じ発想で手がけたのが、トウガラシの中でも大きい品種の『万願寺とうがらし』。これは取れたてのものが非常においしくて、良い状態のものを自分で手売りしたり、産直出荷で届けたらお客さんから好評でした。

それからスナップエンドウを5月に作るんですが、これは山元町の気候では4～5月に取れる露地野菜が少ないので選んでいます」

つまり基本方針としては、

①作りたいもの

②作りたいものの合間に簡単に作れ、価格が安定していて、収穫時期の調整が可能なもの

③栽培面積に対して作業時間が少ないものということです。新規就農者は初期投資額にばかり目が行きがちですが、お金だけでなく時間も重要かつ限られた資源です。「時間効率の最大化」は大事なポイントと言えます。

「知り合いがミニトマト農園をやっていて、7人くらいでずっと収穫をしていても追いつかないそうなんです。そこからヒントを得て、1個あたりの重量が大きいものを作ろうと。

ただ、米ナスみたいに変わった野菜、大きい野菜だと、市場に出せません。だから売り先は考えないといけない。でも『米ナスのステーキ』みたいに、小さいものではできない料理が作れることを活かして、食べ方をこちらから指定する売り方ができるので、売っていても楽しい。他で売っていないものだと、それを求めて来てくれるお客さんも出てきます」

ただ、内藤さんは「今後、山元町に多様な新規就農者を呼び込めるようにするために、あえて山元町では作っていないもの」を選んでいったため、まわりに同じ野菜を作っている人がおらず、苦労したそうです。いま現在はどんな風に情報を得ているのでしょうか？

「行政では、普及指導センターという新規就農者を親身に育ててくれるところや、役場の農業政策班とも連絡を取っています。

いちばん土地の状況を知っていて、どんな野菜を作れるのかわかっているのは、その地域の農家さんです。僕は外から来た人間ですから、近所の農家さんはありがたい存在です。町の顔と言われるような地域のキーマンや、町の重鎮にも一目置かれる顔の広い方とも仲良くさせていただいています。あとは若者のグループにも参加してアンテナを張っています」

ステップ
4

10年間の経営のビジネスプランを数字に落とし込む

農業をやる目的を言語化し、自分が望むライフスタイルをイメージし、作物・作型をあるていど絞ったら、次はいよいよ10年間のビジネスプランを数字に落とし込んでいきます。なぜ10年かと言うと、農業は設備投資した資金の投資回収までに10年前後かかるからです。

農業は、トラクターにしてもビニールハウス（パイプハウス）にしても、減価償却の期間が最低5年、10年あります。

減価償却とはどういうものか、改めて説明しておきましょう。

たとえば1000万円かけてハウスを作ったとして、減価償却期間が10年だとしますね。建てるためにかかった1000万円は、先に出ていきます。でも、会計上は、支払ったその年に全額費用として計上するわけではないんですね。

どういうことかと言うと、ハウスは建てたらその年だけ使うわけではなくて、最低でも何年かは使いますよね。

そこで、本当に10年で使い物にならなくなるかどうかはともかく、会計上は10年使えるとみなして、1000万円を10年で割る、つまり1年あたり100万円を毎年、費用として計上する。これが減価償却の基本的な考えです（償却が終わっても施設や機械を使い続けることはもちろんできます）。

減価償却は「何年で償却する」という期間が法律で決まっているのですが、農業関連のものは最低5～10年なんですね。

ですから、最低でも減価償却が終わるまでの期間、あるいは、事業をはじめるにあたってかけた投資の金額を回収するまでの期間は、事前に算段を立てて進めるべきなのです。

それくらい、投資の回収までに時間がかかるのが農業です。

だからこそ、中長期のトレンドを見誤ると危険なのです。

たとえば「初年度に1000万円投資しました、でも3年で全然儲からなくなりました」となってはまずいわけです。

そういうわけで、10年間の計画を立てましょう。

「計算は苦手だ」「面倒だ」という人も多いのですが、ひとつひとつ順にやっていけば、そんなに難しくありません。

●他の農家はどうなのか？ を統計から理解する

まずは、自分と同じ作物・作型を選択している農家がどういう経営状況になっているかを調べます。作物・作型・地域ごとに経営モデルがネット上にあるので、それを見ることで、ざっくりとした数字が把握できます。

単位面積あたりの収穫量・出荷量がいくらで、市場の単価がいくらで、費用はどれくらいかかっているのかを見ます。

もっとも、これだとあくまで「作って、市場価格で売る」ことしかわかりませんが、まずそこを出してみることは重要です。

「他の一般的・平均的な農家はどういう経営状態なのか」のモデル、ベースを知る。

それと自分の目指すべきライフスタイル、所得、どれくらい初期投資をかけられるかを比較して、取れる選択肢を確認し、どうするかを決めていきます。

品目をどれにするかだけでなく、作型まで決めていないと、以降の計算ができません。ですから、現時点のイメージでかまいませんので、いくつか候補を出して検討してみましょう。

品目選び、作型の検討は非常に重要ですが——その前に、そもそも作型とは何かの説明をしておいたほうがいいですね。

明治大学特任教授の佐倉朗夫先生の整理を借りると「作型」とは（1）その地域での適温、適土など気候風土や季節性に関する「栽培環境」、（2）「品種」、（3）暑さ・寒さ対策、病害虫防除といった「栽培管理技術」の3つの要素によって成り立っています。

当たり前ですが、地域ごとにゆるやかに気候・天候が違います。作型は、その地域の天候、環境要因、日照条件に合わせるようにして作り出された「型」です。

たとえば九州だと冬でも日照時間が長かったり、暖かかったりするので、ハウス栽培の場合、夜間に電気を付けなくてもよかったりします。逆に日照時間が短い地域では夜間の電気が必須になります。

つまり、その土地には、その土地に合った作型があります。その土地に合った作型からあまりにも逸脱したものは、うまくいきにくい。最初に聞いたときには理不尽、不自然に感じるようなやり方でも、「なぜこの地域ではこうするんだろう?」と思って調べたり、地元の方にお話を聞いていくと「なるほど、冬に大雪が降るから、このシーズンにはこうするのか」とわかったりします。地域特性を知ることが大事です。

地域ごとに向いた作型があるので、まずはオーソドックスなものから調べてみましょう。

まだ何を作るか、どういうやり方があるのかがそんなに定まっていない人は、

野菜 or 穀物 or 花 or 果樹×露地栽培 or 施設園芸

の2軸で検討してみましょう。

露地栽培と施設園芸では同じ品目でも、まったく別物と言っていいくらいに労働強度(仕事のきつさ)やコストとリターンの関係が変わります。

また、同じ露地でも、野菜と穀物系ではやはり全然違います。

施設園芸であっても食用のものと花のような非食用のもの、それから果樹は別物です。

（米はそれだけで1冊書けるくらいに論点が多く、政策的に価格が変わる要素が大きいので、本書では踏み込みません）

そう言われても、具体的にはどうやって絞っていけばいいのかわからないですよね。

検索サイトに「○○県　品目名（イチゴとかキャベツとか）　作型」「○○県　品目名　経営収支」「○○県　品目名　経営指標」と入れると、地域ごとの資料が出てきます。

自分の作りたいもの、イメージする働き方に近そうなもの、働きたい地域などをいくつか組み合わせて、検索してみてください。

そしてそれらのサイトにあるＥｘｃｅｌやＰＤＦをダウンロードして熟読しましょう。

現時点で読んでも、情報が細かすぎてむしろ初心者ではわかりにくいかもしれませんが、わかるところだけでもいいので読み、大事そうなところはわからない単語をひとつひとつ検索して理解していってください。

それらのＥｘｃｅｌやＰＤＦに記載されている数字を元に、初期投資がどれくらいかかり、どれくらい経費が出て、どれくらい自分の所得が予想できるのかの試算表を作ります。

●10年間のビジネスプランの作成手順

手順1　売上

まずは売上から試算します。

売上＝出荷量×市場平均価格

です。出荷量と、卸売りの市場平均価格は、農水省のサイトや品目別の就農マニュアルなどに載っています。

ただし、どんな作物でも、立ち上がり（ノウハウの習得）には最低でも3年はかかると見ておいたほうが無難でしょう。

初年度は予測の歩留まりも控えめに、平均の60％くらいしかできないだろうという予測にしておき、そこから徐々に仕上がりがよくなっていって、5年後には平均くらいの収穫量・出荷量がいけるだろう、みたいな試算が無難です。

手順2　初期費用（イニシャルコスト）

次は費用です。

費用は、

初期費用（イニシャルコスト）、**維持費用・継続費用（ランニングコスト）**

に分かれます。

はじめに、検討している作型をはじめるために必要な初期費用を算出しましょう。初期費用で大きいものは、トラクターなどの農業用機械や、ハウスなどの施設でしょう。これらに対する設備投資が初期費用の多くを占めるはずです。

もし多品目生産を予定しているのであれば、最初からすべての品目を作らないにしても、想定している作物が栽培可能な、汎用性の高いビニールハウスを作っておくべきです。

ハウスの相場については、情報がどこかに網羅されているわけではありません。ネットを見て、実際に発注するときに複数社に見積もりを出してもらうしかありません。なぜかと言うと、ビニールハウスに関しては、住宅の建て売りと違って、ベースとなるパッケージが存在していません。農地のかたちも農家の好みも千差万別で、ほとんどすべての農家が「ここは何メートルで、パイプの傾度はこうする」とオーダーする受託開発型なのです(ベースになる価格設定がなく、農家側には原価もブラックボックスになっているために価格競争が起きにくく、コストが高止まりしていることは業界的には大問題なのですが、本題ではないので立ち入りません)。なお、ビニールハウスは建てる業者さんもいますが、ほとんどの場合、自分で組み立てるのが基本です。

「事前にハウスの金額がわからないなら、初期費用の試算のしようがない」と思ったかもしれません。

考え方の順番としては、まずはハウス1棟の面積でどれくらいの量が作れるかという、収穫量・出荷量の見込みを立てればよいのです。

品目の市場単価はネットで調べられるとお話ししましたから、出荷量×単価を計算すると「売上がこれくらいになるな」と予測が付きます。

するとハウスにどれくらいコストをかけられるか、それよりかけてはいけないかの目安がわかります。

一般論で言えば、売上に対する減価償却費は高くても15～20％くらいまでに抑えたいですね。20％もあると初期投資が大きいほうで、普通はもう少し低いです。

農林水産省の発表している農業経営モデルによると、農業経営費のうち温室を使う野菜の施設園芸の場合には、施設費（減価償却費）の割合が13％です。

同資料によると日本では10アールあたりの温室ハウスの値段が1200万円、ガラス温室は2300万円と書かれています（もちろんこれは平均であって、高機能なものだとビニールハウスでも2500万円くらいします。ちなみに、10アール＝1反＝約1000平米です。25メートルプール3～4個分くらいの面積ですね）。

当然ですが、ハイテク設備投資をすれば初期投資は高くなり、減価償却費も高くなる。しかし果たしてその投資によって単位面積あたりの収益が上がるのか？　そこを見極めましょう。

たとえばイチゴなどは、初期投資を倍かけたからといって単位面積あたりの収穫量を倍にすることは難しいです。言いかえると、設備投資に対する感度が低い作物です。対してトマトは、投資を倍にすると単位面積あたりの収穫量が2倍、3倍になります。設備をかけても収穫量や品質が変化しないものに、ムダな投資をしないことが重要です。

収穫量が多くなくてもいいとか、天候リスクを背負う覚悟がある場合は平均値より設備投資をかけないパターンもありえます。

ウェブ上にある一般的な農業経営モデルや、自分のロールモデルとなる先輩農家の姿から、自分の理想の経営体を想像していくことが必要です。

どの作物・作型がいいのかを検討するには、いくつか比較して試算するのが普通だと思います。決め打ちで「この作物と作型でいく」とするのではなく、数字を見比べて決めるほうがいいでしょう。

それぞれの場合に初期費用にいくらかかり、自己資金はいくら出せるのか、自己資金で足りない場合はどんな補助金が使えるのか、それ以外に資金調達する方法はないかを検討します（資金調達方法については後述します）。

予想される初期費用がまったく調達できそうにない場合は、自分が農業をやる目的、そしてライフスタイルに立ち返り、軸をブレさせない範囲でどこか変更できる点がないかを見極めて再試算します。

もちろん、安易に妥協するのではなく、どうにかして本来やるべきプランを実現する方法を模索してから、次善の策を練るようにしましょう。

手順3　維持費用・継続費用（ランニングコスト）

初期費用の算段をあるていど付けたら、次は、維持費用・継続費用を試算します。

参入しようとしている作物・作型のコスト構造（原価の構造）を調べてください。

「そんな数字どこで手に入るの？」と思いましたか？

米など一部の品目は農林水産省のサイト上の「農産物生産費統計」に書いてあります。

また、先ほど言った「都道府県名　品目名　経営指標」で出てくる資料をいくつか見ていくと、必ず、その都道府県でどういう経営モデルで作られているのかの平均値がわかります。そこに売上や原価の一般的な数字が書いてあります。

コスト構造とは、そのビジネスモデルのなかで、事業体（ようするにあなた、ないしあなたの企業）が負担するすべての金銭的なコストの内訳をあらわしたものです。

人件費（労務費）、減価償却費、水道光熱費、肥料代、農薬代、賃料、保険料、設備投資に使った借入金の返済額……といったところが主なものです。

ほとんどの場合は、いちばん大きいのは人件費ですね。

ランニングコストを洗い出したら、固定費と変動費に分けます。

売上がいくらだろうが生産規模がいくらだろうが、一定の金額がかかるものが、固定費。作れば作るほど、それに合わせて増えるコストが変動費です。

固定費の代表的なものは減価償却費、賃料、保険料など。

変動費の代表的なものは水道光熱費や肥料代などです。

人件費（直接労務費）はどっちか？　これは簿記・会計、会社経営本で必ず扱われる問題ですが、結論だけ言うとケースバイケースです。作物・作型によって、固定費扱いのほうがいい場合もあれば、変動費扱いがいい場合もあります。

そしてすべてのコストを積み上げて計算し、全コストを１００％として、それぞれの割合が何％なのかを算出しましょう。

これによって固定費の割合が大きい「固定費型」なのか、変動費の割合が大きい「変動費型」なのかがわかります。

そして固定費型なのか変動費型なのかによって、取れる戦略が変わってきます。

固定費型では規模の経済が効きますが、変動費型では効きにくい。

じゃあ、大規模にやるほうがいいのか、こぢんまりやるほうがいいのか——といったことを考えていきます。

たとえばイチゴや果樹、露地レタスなどは労働集約型（変動費型）です。対して、マイタケやモヤシなどは設備投資額の大きい資本集約型（固定費型）であり、収益の構造も生産のしかたもほとんど工業製品に近いものです。マイタケやモヤシなどは屋内施設で人工光によって作られるので、工場型のＰＬ（損益計算書）に近くなります。

農業法人で上場している会社はほとんどの場合、マイタケやモヤシのような資本集約型の品目を扱っています。逆に言うと、労働集約型の純粋な農業法人ではビジネスをスケールさせる（拡大する）ことが難しいわけですね。

品目ごとに農業経営費の中の人件費とそれ以外の費用を比較してみると、どれが変動費型でどれが固定費型なのかがわかります。

数字の苦手な人にとっては面倒な作業かもしれませんが、農業をやっていくうえでは（自分の生活にも関わる）非常に重要な部分です。自分が興味のある作物・作型については、ぜひしっかりと調べてみてください。

●売上、費用のイメージをつかんだら、他の選択肢を検討していく

ここまでで、売上と費用のイメージをつかみ、その作物・作型が固定費型か変動費型かをおおよそ理解しているはずです。

ここからは、自分が農業をやる目的と目指すライフスタイルにより近づけるよう、方針を見定め、選択肢を検討していきましょう。

たとえば、目標とする所得を達成するためには、安く作って大量に売るのがいいのか、品質と単価を上げることで所得を上げるのがいいのか？　といったことです。

もちろん、単価を上げるために農協を通さず直販などを選ぶ場合には、コストも余計にかかります。販路開拓のために営業スタッフを雇う場合は人件費がかかりますし、店頭で目立つようにするとかウェブ広告を出すとなればプロモーション費がかかります。

市場価格×1・5倍で売るには、どれくらいプロモーションコストがかかるのか、かけられるのか。

このあたりのことになると、ネットには載っていないことが増えてきます。

自分で情報を取りに行くしかありません。

具体的には、役所の農政課に行く、先輩農家に聞く、大学などで農学を研究している先生を訪問する、海外の先端事例を見に行く、農業資材やハウスメーカーのモデルハウスを

見学しに行く……といったことをしましょう。

「農業は閉鎖的」とよく言われますが、先輩農家さんも新規就農時には相当苦労した人が多いので、たとえば販路ごとの特性の違いなどについて、意外と教えてくれる人が多いと思います。農業経営にしろ農作業にしろ、肌感覚のあるリアルなノウハウは農家に聞かないとわかりませんから、先輩農家の持っている情報は貴重です。

ただ、農家が万能かというと、そういうことでもありません。たとえば農学研究者の先生方は、要所要所の技術の最新事例を持っています。病害虫退治の専門的な研究をしている先生は、その分野については農家よりも知っていることがあります。いますぐ農業に応用できるかどうかはともかく、技術的な専門性が高い最先端の情報は、農学研究者のところにあります。

全体像をつかんでから、自分の役に立ちそうな専門分野の情報を掘り下げるといいでしょう。

また、所得を試算するにあたり、自分の労働を時給換算したい人は、品目別の就農マニュアルを見れば、単位面積あたりの労働時間も載っていますから、計算してみましょう。

売上と費用の試算だけだと「意外と稼げるな」と思っていても、非現実的な労働時間になるのであれば、見直す必要が出てきます。

そもそもこの時給計算自体があくまで目安であって、実際には農作業以外にもろもろの細かい労働、作業が発生することは忘れないでください。


さて、作物・作型、流通などが定まったでしょうか。

「順当に行けばこうなるだろう」という固く見積もったノーマルシナリオだけでなく、最悪のケースを予想したワーストシナリオ、相当にうまくいった場合のベストシナリオも用意してくださいね。これは他のビジネスでのビジネスプラン策定といっしょです。

下ブレ、上ブレしたときのイメージも持っておくことは大事です。


就農後も、この試算表を元に微修正していくことになります。

しかし、はじめる前から、自分の中で数字のイメージを持っておくべきです。

どんぶり勘定になっていくと、経営はできません。

自宅での家庭菜園ではないのですから、肥料1リットルに至るまで試算をしていくべきなのです。

もちろん、最初から完璧な人はいません。

自分の経営の習熟度とともにブラッシュアップしていけばいいのです。

事前のプランと実際にはどれくらいズレがあるかは、人によってまちまちでしょう。

僕の場合でも、項目によって、あるいは年によって、上にいっているものも下にいっているものもあります（経営全体では、予想よりはるかに良いですが）。

良いほうだけ言えば、販売価格が計画よりも上回ったとか、単位面積あたりの収穫量が思ったよりも増えたとか、投資効率がよくなった、といったものがあります。

さて、ここから先は、資金調達の方法、情報を集める方法を語っていきます。

ケース

3

私がギブアップした理由
――あるシイタケ農家の場合

匿名希望

エンジニア家庭で小５から世田谷区で育つ。大学卒業後、新卒で外資系金融機関に勤務。順調に出世するも、リーマンショックでチーム全員がリストラに。調査業務を行っていた際、農業にも興味を持っていたため、八ヶ岳の農業学校、かながわ農業アカデミーに通い、並行して神奈川県にあるシイタケ農家から事業を買い取り、就農。しかし、１年半で撤退して友人に事業を譲渡（貸与）し、金融の世界に戻る。妻子あり。

この方は手元資金が数千万円あって、一攫千金を目指して農業に参入しました。新規就農者の中には豊富な資金を元に最初から規模化を狙い、資本集約型や土地利用型を目指す方は一定の割合でいます。残念ながら撤退してしまいましたが、どこが計画からずれ、どのタイミングで辞めることを決断したのかは、新規就農者必読の内容だと言えます。

まずは、シイタケという品目でどのようにビジネスプランを立てたのか？

「各県ごとに出ている経営指標をネットで調べてＥｘｃｅｌで計算しました。設備投資の減価償却が7～10年かかるから、10年計画を立てました。でも建屋の修繕費がかかった

り、予定になかった急な出費も絶対出てきますね」

ただ、計画からの大修正を迫られたのは「急な出費」が問題ではありませんでした。

「最初の3ヵ月は絶好調。寒い冬だったのでシイタケがよく売れて、生産も順調。『年商2000万円いけるか？』と思っていたら、愛川にあった日産系列の部品会社の工場が撤退しちゃって、売上がドーンと落ちた。軽トラ1台で運べる商圏に100グラム298円で出せていたのが、100円台のキノコじゃないと売れなくなり、スーパーの店長から『値段を下げてくれ』と。さらにはちょうど2011年の震災もあってシイタケに補助金が出た。その影響でもシイタケは値崩れ。しかも、西日本の野菜は大阪止まりだったのが九州のものとかまで東京に入ってくるようになっていて。それで、はじめて半年で年商1000万を切るまで売上が落ちました。

でも施設栽培は固定費がかかるので『これは年間何百万かのロスだな』と。外部環境の劇的な変化にさらされて、キャッシュフローがマイナスになってビビりました。サラリーマン時代はキャッシュフローがマイナスになることなんてなかったけど、経営者になると先に払わないといけないものが出てくる。このままどんどんお金が溶けていったらどうしよう、というプレッシャーがある。……でも、部品会社の動きを調べていれば、工場を閉めることは見えたはずなんです。失敗でした」

ポイントの1点目は「売上のブレ」。シイタケの場合、売上を左右するのは「天候と景気」。

「寒すぎるとお客さんがスーパーに来ない。ちょうどいい寒さだと鍋用に売れる。それから、景気が良いとすき焼きで『牛肉＋シイタケ』がセットで売れる。でも景気が悪化すると水炊きになって『豚肉＋マイタケ』とかに変わっちゃう。やろうとしている作物が天候や景気が良いときに売れるのか悪いときに売れるのかは知っておくべきでした」

それを前提に別の作物と組み合わせてリスク回避できれば、なお良かったかもしれません。

もう1点の誤算は、費用面です。

「これもあとからわかったんですが、シイタケは手収穫だから、労働集約型の要素も入っている。1月の寒い中、外で2キロくらいある菌床のブロックを1000個くらい並べて水に12時間漬けて戻すという肉体労働があって、実は規模化することで薄まるコストがあまりない。キクラゲ、エリンギ、シメジみたいに機械で切って収穫ができないから、『雪国まいたけ』のように工業化ができない。ただ工業化ができたらできたで、そういうキノコ類はホクトと雪国まいたけで激しい設備競争がある。ともあれ、シイタケに規模の経済が実は効かなかったのはやや誤算でした。事前に調べていればわかったことなのでこれも反省です」

そこからはいろいろなことを検討したそうです。売価を下げてもペイするようにシイタケ工場を2棟から4棟にするか？　新しいハウスはもっとお金をかけて環境をコントロールするか？　冬に暖房なしでいけるように、温泉の横でやれないか？　終わった菌床をおがくずみたいにしてバイオマスに利用できないか？

ただ、作りすぎても近場に売り先がない。神奈川から東京に売りに行くために新たにトラックを買い、運送コストをかけるか？

あるいは乾燥シイタケや、冷凍して6次化するか？　と。

しかし、全部お金がかかる。

そこで、会社で働いていたときに子ども3人のために貯めた学費を突っ込むかどうか悩んだあげく、1年半で見切りをつけ、金融業界に戻ることにしたのです。

「僕は投資をしたけど、事業継承した友人はそこまで投資をしていません。人を雇うのを減らして自家労働を増やしています。そうすると売上も伸びず縮小均衡にいっちゃう。かといって僕があのまま続けていこうとしたら、投資金額がどんどん増えた。でも、それでうまくいくという絵が描けなかった。

もっといろんな人に頼っていればよかったのかもしれない。その地方ごとに観光をやっている人、地域再生を考えている人がいるから、組めばよかったのかもしれない。でも『自分の仕事』と考えてしまって、途中まではいろんな人の力を借りていたのに、うまくいかなくなってからは借りなくなってしまった」

早期に撤退を選ぶことは、勇気が必要だったと思います。この方と違って、意地になって資金が全部溶けるまで粘り、身動きが取れなくなってしまう人のほうが多いのです。

「どうなったら辞める」という撤退基準をあらかじめ考えておくのも重要です。

それ以上に、計画段階でその作物・作型は売上やコストについてどんな特徴があるのか、売り先を左右するような環境要因は何かを詰めて考えるのが重要です。

農業は投資回収まで時間がかかる。

にもかかわらず、外部環境の影響を非常に受ける。だからこそマーケットを読み切り、社会トレンドを見なければならないのです。

ステップ
5
資金調達の方法

自己資金以外で資金調達する方法は、家族や友人・知人に借金するといったものを除けば、補助金、銀行からの借り入れ、株式発行によるファイナンスの3つが主なものです。

補助金については、あるていど前述しました。

補助金を利用したい場合には、所轄官庁（農林水産省など）や、耕作をはじめる土地の基礎自治体の農政課に行き、相談しましょう。

第1部で「使える補助金はなるべく使うべき」という話をしましたが、もちろん、補助金を獲得するためには、用途を先に決めて提出しないといけません（もっともハウスを作るときに、すぐには使わなくても、他の作物の栽培にも応用可能なものとして申請するくらいは可能です）。

ですから、事前に、何を作って、どこで、大体いくらで売るのかを明確にしてから窓口に赴くほうがベターです。補助金の審査者にそういうことを相談してもわからないケースもあります。

●「事業の継続性」を見る銀行との付き合い方

銀行をはじめとする金融機関からの借り入れも、資金調達の重要な手段です。

銀行はシンプルな考えをする投資家ですから、付き合いはそれほど難しくないと思います。

日本人はとかく「無借金経営がいい」と思っているのですが、それは間違いです。「サラ金から借金があって首が回らない」みたいな話がよく語られたり、『闇金ウシジマくん』みたいな借金取りのマンガやドラマのイメージがあるせいだと思うのですが、個人で高利貸しから借金することと、事業をするために銀行から普通の金利で借りているだけの状態は全然イコールではありません。

だって、そもそもお金を借りて遊ぶわけではないですよね？

それにサラ金と違って、返すあてがない事業者にはそもそも銀行はお金を貸してくれません。

銀行はトラックレコード（過去の実績）があれば貸してくれますし、なければ簡単には貸してくれないのです。

事業をはじめて、ある一定の面積の農地で、一定の生産量を生産し、一定の価格で売っていて、ビジネスが回っているという実績がある人であれば、利息が安くお金を借りることができます。

継続してお金を稼げるという見込みが立っている事業者であれば、コツコツと返済できるだろうと考えて、お金を貸す。これが銀行の考えです。銀行の判断基準は、事業の継続性（返済見込みの確実性）です。

ビジネスで大切なのは「借金があるかないか」ということではなくて、キャッシュフローです。どれだけのお金が入ってきて、どれだけ出て行くのか。その差が収入になります。この差を大きくすることを考えればいい。そして銀行もキャッシュフローを見ます。

ですから、大事なのはトラックレコードを作ることです。

小規模でもいいので、PDCA（Plan＝事業計画を立てる→Do＝実行する→Check＝計画と実際の差を評価する→Act＝次に向けて改善する）のサイクルを回し、「僕らのやっていることは持続可能なものですよ」という収益のモデルを見せれば、銀行は貸してくれます。

借金ができるということは、対外的な信用があるということなのです。

借り入れのチャンスがあれば、ぜひ1度検討してみましょう。

たとえば3000万円のハウスを作りたいとします。借金を嫌って全部自己資金で3000万円の現金を貯めようとしたら、すごく時間がかかります。

手元に現金を残すにはどういう手順になるか、考えてみてください。

まず売上があって、もろもろの費用が出て行きます。費用を引いたあとの純利益がそのまま投資に使えるか？　というと、使えないのです。この利益に対して税金がかかり、それを支払った分しか現金は残らないのです（これが「内部留保」です）。利益が大きければ大きいほど払う税金の金額も増しますから、なかなか残らない。

でも銀行からたとえば1億円借りられれば、すぐに投資ができます。すぐに投資をしたほうが手っ取り早く事業を拡大できる。借入金の返済をしたとしても、お金を借りる前よりキャッシュフローが増えるのなら何も問題がない。

このように、借り入れをすることにより、時間を効率よく買うことができるのです。

何度も言いますが、農業には植物の絶対成長時間がありますから、時間はお金よりもはるかに貴重な資源なのです。

お金を借りることに対して不安がある人がいるなら、僕は思いきり背中を押したいと思います。

●新規就農者向けの特別な融資メニューもある

ここまで読んで、「自分のような新規就農希望者が初年度にいきなり借りることはムリなのか」と思ったかもしれませんが、方法がないわけではありません。

われわれの新規就農スクールのように、民間が提供している栽培者養成プログラムを通過（卒業）して、「作物を作ったり、経営していく技術があります」という証明ができれば、新規就農者であっても銀行が貸してくれることもあります。

また、日本政策金融公庫が、新規就農者限定で、初期資金に対して最大3700万円までの資金を無利息無担保で貸し出しています。これはトラックレコードがなくても借りられます。

制度融資と呼ばれているものですね。他の産業ではなかなか考えられないものなのですが、農業は国策に沿った融資メニューが用意されています。

自己資金が数百万円しかない（とか、もっとない）場合でも、前述した農水省の「農業次世代人材投資資金」（旧・青年就農給付金）を使えば、就農前の準備を後押しする資金が最長2年間にわたって年間150万円もらえます。

その給付を受けながら研修を受け、農業をスタートするときに融資メニューが下りるような計画を立てれば、初期資金がそれほどなくても借り入れを使って事業がはじめられることがあります。

また、企業参入の場合ならば、その企業の過去の事業の実績があるはずですから、銀行から借りることは個人の新規就農者よりもはるかに簡単です。

●「事業の成長性」を見る投資家との付き合い方

株式による資金調達についても紹介しておきましょう。

株式を発行して投資家から資金調達する場合、銀行から求められるものとはまた違った基準でお金を出すか出さないかについて判断されることになります。

銀行は事業の「継続性」をもっとも重視する（コツコツ借金が返せるキャッシュフローがあるかどうか）一方、株の投資家は「成長性」を重視します。

お金を出して株を取得した企業が大成長して、株式が出したお金以上の経済的な価値を持つことを望んでいるのが株の投資家です。

ですから、いま現在のキャッシュフローが真っ赤で、出て行くお金のほうが多くても、将来的にそれが大きく反転する見込みが立てば、お金を出してくれます。

ただし、1年後も10年後もいまと同じ規模でぼちぼちやっていきたいという会社に対しては、普通は投資をしません。

「自分は安定してやっていきたいというよりドカンと大きくしていきたい」と考えている事業者にとっては、株式による調達のほうが向いています――ベンチャーの一般論では、ですが。

農業に関しては、大地主が小作農を搾取し、支配していた戦前の反省から、お金を持っているからといって投資家および投資機関（企業）が農業に簡単に参入できないようになっています。

農地法には、農地所有適格法人（旧名・農業生産法人）に関する枠組みについての規定があります。

これによると、経営者の過半数を農業の常時従事者（年間150日以上農業に従事している者）が占め、株式のシェアの過半数以上を持っていることなどが条件となっています。したがって、非農業者がこの法人に出資をして、経営のメジャーを取る（株式の過半数以上を握り、経営を実質的にハンドリングする）ことはできません。

そしてこの農地所有適格法人にならないと、農地を借りることはできても、保有することはできません。農地所有適格法人になれる条件を解除してしまうと、農地がお金のある企業にバンバン買われてしまい、企業の経済原理に合わなくなったら突然「やーめた」となって耕作放棄地だらけになる、なんてこともありえますから、参入を厳しくしていることには、しかたない部分もあります。

そもそも論で言えば、農地は買っても設備投資と違って減価償却ができませんから、会計上、本当に買うほうがいいのか、借りたほうがいいのかは慎重に検討すべきです。

また、株式発行による資金調達を見越している人に対する注意として言っておきたいのは、いわゆるベンチャーキャピタルは期待しないほうがいいでしょう。彼らの目線からすると、農業は投資回収までに時間がかかりすぎるので、合わないことが多いです。

もっと中長期の目線で成長性を考えてくれる投資家（たとえば政府系の投資機関など）を探す必要があります。

僕たちGRAの場合は、農業者が70〜80%の株式を持ち、残りの20〜30%を非農業者の投資家が持っています。

株式発行による資金調達については、これ以上は話が専門的になりすぎるので、この本では書きません。興味のある人はそういう本にあたるか、専門家に相談してください。

以上、資金調達手段とその特徴について紹介しました。

自己資金以外にもいろいろ工面のしようがあることは理解いただけたでしょうか。

あとは自分のめざす農業にフィットした資金調達方法をじっくり考えてみてください。

あるていど目星を付けたら、農政課や新規就農相談センターなどに「どういうふうに資金調達をするのが一般的か？」を聞きに行きましょう。

それから、制度融資を行っている政策金融公庫などの銀行を回るという順番がいいかなと思います（ちなみに、われわれの新規就農支援スクールに入ると、金融機関の紹介までパッケージに入っています）。

実際に就農したあとは、農業も普通の会社経営といっしょです。

町の税理士に会計、決算、確定申告のことは相談できるでしょう。

農協を通じて出荷する場合は、農業会計のソフトウェアを紹介してくれたり、申告の手伝いもしてくれますから、農協を頼るのもいいと思います。

経営のゴールをどこに設定するか

みなさん、固定費への投資を恐れてはいけません。

これは「なるべく客観的に就農までの考え方を整理してお伝えする」という範疇《はんちゅう》を超えての持論になるのですが、これから農業ビジネスを担う人にはぜひ知っておいてほしいことなので書いておくことにします。

農家は、固定費をものすごく嫌います。

生産面積が小さくても大きくても必ずかかるものが固定費です。

たとえば研究開発費がそうです。これは研究員をひとり雇ったら、必ず年間何百万かはかかります。マーケッターを雇って、作物の単価を高く売るといったことも固定費になります。

僕は「ムダな固定費を減らそう」という企業努力をするな、と言っているのではありません。固定費を投じないと、抜本的に経営効率を上げることはできないのです。

規模の経済が効く作物・作型であれば、大規模農場をやり、固定費がかかるものに投資することに意味がある、という話はしました。投資効率が良くなるからですね。

しかし、変動費型ビジネスと思われている

作物・作型であっても、やり方次第で固定費型に転換することができます。

僕たちGRAを例に説明しましょう。

イチゴは元来、規模の経済が効かないと言われていました。摘み取りをトラクターやロボットのような機械で一気にやることができず、その人件費がものすごくかかる。たくさん収穫したければその分、労務費がかさむ、という典型的な変動費型ビジネスでした。

こういうタイプのものは、お金をたくさん投じれば投じるほど投資効率が良くなるという、規模の経済が効くものではありません。

それを固定費型ビジネスに変えたのが、われわれがやってきたことです。

どういうことでしょうか？

ブランドを作ったのです。

「ミガキイチゴ」というブランドを作り、1粒1000円という高単価で売れるようにしました。1度いいブランドを作ってしまえば、規模を拡大すればするほど、売上・利益が伸びます。

普通は1パック作るのに200円かかるものをスーパーで500円で売っているとします。固定費がかかる研究開発やマーケティングに投資をした結果、1パックあたり450円コストが必要になったものを500円で売ったとしたら、これは儲かりません。でもブランドイチゴ化することで1パック2000円で売れるようになるなら、固定費に投資する意味がありますよね（あくまでここで入れた金額はたとえ話のためのものであって、実際のGRAのコスト構造とは異なります。考え方の参考として聞いてください）。

GRAは研究開発で5人、営業専門のスタッフも数人います。

研究開発に力を入れることで、最高の品質

のイチゴを、安定的かつ効率よく作れるようにする。営業・マーケティング専門の人員を入れることで、高級百貨店などの販路を開拓し、お客様のニーズを汲み取ったパッケージやプロモーション展開ができる。

そして研究開発と営業・マーケティングスタッフを両方雇い、「売る」現場で得た情報を研究開発部門と共有することで、「お客様が求める最高のイチゴとはどんなものなのか」がわかり、「売り方」を工夫するだけでなく、「どんなイチゴを作ればいいか」というところから変えていけるようになる。

こういう考えです。

研究員にしろマーケティング専門のスタッフにしろ、普通の農家にはいない人たちです。でも僕たちには「東北復興のために事業規模を拡大する」というミッションがあります。

ですから、そういう戦略を取り、規模が大きくなったときにメリットが生じるように、リスクマネー（不確実でリスクが大きいが、成功すれば高い収益が得られる事業に投入される資金）を事業の初期から投じたのです。

このやり方は、万人に推奨できるわけではありません。

マーケティング、ブランディングに資金や人員を投下した分が価格に転嫁できる（お金をかけた分、高く売れる）という見込みがないなら、やるべきではありません。

こういうことは中途半端にやっても結果が出るものではないですから、僕たちは一気に思い切って金銭を張りました。

固定費に投じるか投じないかは、経営のゴールをどこに設定するかによります。

固定費に投じることなど考えずに、全部農協に売る、とにかく大量生産して製造原価だけ安くする、生産効率だけを上げる、という方法もあります。

どこを自分でやるか、自分の強みをどこに置くのかによって、やり方はさまざまです。

ただそれでもわざわざ書いたのは、作物・作型が変動費型であっても、やりようがあることを知っておいてほしかったからです。目指すべきところがあるなら、思考停止せずにどうにか実現する方法を考えましょう。

「日本人は借金を嫌う」「農家は固定費が生じるものをイヤがる」といったことが招いている機会損失（やらないことによって儲け損なうこと）が大きいと日々感じているので、あえて書かせてもらいました。

「ミガキイチゴ」誕生の経緯は、以前出した『99％の絶望の中に「1％のチャンス」は実る』という本に詳しく書きましたので、興味のある方はぜひ1度読んでみてください。

山元町のイチゴを世界に――。
宮城県山元町にある、株式会社GRAのオフィス外観

ステップ
6
情報収集とネットワーク作り

農業経営をするにあたっては、さまざまな情報を集めたり、ビジネスをやっていくためのネットワークが必要になります。

ここでは情報や人脈をどうやって手に入れればいいかについて書いていきます。

●「みんなで勝つ」「地域に貢献する」

具体的なノウハウの前に、心構えから。

そもそも、農業は地域の資源（土地、水、人……等々）とともに営むビジネスです。1度その土地を選んだら、ぽんぽん移動できるものではありません。

ですから、自分はその地域にどれだけ貢献できるのか、どれだけ還元できるのかという大義がないとうまくいきません。これはきれいごとではありません。

農業に参入するときには「自分勝手にやればいい」「ひとりだけうまくいけばいい」という考えでは、周囲からの協力が得られるはずもありません。それではその土地で事業を営んでいくこと自体が困難になります。

「地域のレジェンドや既存のプレイヤーとがっちり組もう」という話をしましたが、農業者にかぎらず、その地域内に応援してもらえる人を見つけ、まわりの理解を得る努力をしましょう。地縁、血縁のサポートがある人は、遠慮せずに頼りましょう。いつか恩返しできる日がきます。

「農業はリードタイムが長い」「1サイクル回すまでに時間がかかる」＝情報が貴重である、という話もしました。ネット上にある農業関係のメディアには常に目を配り、新しい技術やトレンドをチェックするべきです。

そして何よりナマの情報を持っている農家とふれあう機会を作る——具体的には、何かしらの団体に属するなど、「チームでやる」ことが重要です。

SNSのグループに参加したり、地域の勉強会に参加して、情報交換を積極的にしましょう。

農家が生産効率を上げるためには、PDCAを高速回転させることが重要です。

ある農家が単独でいくらやっても、10年で10回栽培できるかどうかです。10回分のデータなんて、たいしたことはありません。

短期間に高速でPDCAを回すには、チームで取り組むしかありません。

情報を全員でシェアすれば、100軒の農家が1年やるだけで、100年分のデータが取れます。一般的に自分ひとりでPDCAを回すのでは足りなくて、PD（計画と実行）

をする絶対数を増やすことが重要です。

●情報をシェアする人間にこそ、情報は集まる

そしていざ勉強会に出たときには、自分が持っている情報はすべてシェアしましょう。

これまではどうしても農村文化の特徴からか、農家は自分のところで優れた技術があっても、隣近所にシェアしてきませんでした。

でも、隣近所だからこそ、オープンにしてもいいはずなのです。

まわりもうまくいったほうが産地全体の価値を高めることにつながります。

「自分だけうまくやりたい」という気持ちは捨てましょう。

自分が発見したノウハウがあるならば、シェアしてたくさんの人に使ってもらうことで、自分ひとりだけでやっていては気づかなかったフィードバックが得られ、さらにノウハウが進化するのです。

「自分ひとりでやろう」と思わず、ネットワークに共有する。

「そんなことしたら、競争に負けちゃう」と思うでしょうか？

でも、あなたの「競争相手」は隣近所の農家ではないはずです。

その産地にいったい何軒農家がありますか？

たとえばイチゴ農家は、宮城県山元町だけで何十軒もあります。それでも全国シェアか

らすれば1%を切っている。

近所に情報共有したせいで隣の農家のほうが自分よりうまくいったとしても、そんな近視眼的な「勝った、負けた」よりも、地域みんなで強くなったほうが絶対にいい。

地域の農家は「競争」相手ではなく、地域全体で価値を共に創っていく「共創」のパートナーなのです。


もちろん、勉強会に出ると「本当に効いているのか?」と思うような肥料や育て方の情報もシェアされると思います。

他業種から農業に参入した事業者がいちばんつまずくポイントは、農業は変数が多すぎて、いったい何が良くて何が悪かったから、こういう作物の育ち方をしたのか、という因果関係を特定することがきわめて難しいことです。

作物の種を植え、育っていく過程で、上手く育っているときであっても、ダメなときであっても、なぜそうなっているのかという理屈がわからない。推測に頼らざるをえない。それが苦労します。

たとえばソフトウェアの世界であれば「ソースコードの書き方が間違っているから、動かない」という原因究明ができます。農業は水なのか、日照時間なのか、土なのか、はたまた別のファクターなのか、複雑なので決め打ちできないのです。

にもかかわらず、まわりの農家と話していると「あの肥料がよかった」みたいな話がしばしば出てきます。しかし、大抵のカンフル剤みたいなものは、因果の説明が書かれていません。はたして本当にそれで良くなったのか、日照時間が良かったことのほうがプラスに働いたのか、わからないのです。でも、そういうもやっとしたものがまかりとおっています。

理屈を理路整然と語る人はあまり好まれなくて、人間味の溢れる人がおもしろおかしく語る勘や経験が好まれます。それはしょうがないことです。

勘や経験をシェアしてくれる人に悪気があるわけではない。あやしい情報だけではなくて、本当に大事な情報も持っています。

ですから、勉強会に出たからといってあらゆる情報を鵜呑みにしていいということではない。

ただこれだけは確実なのは、自分の手の内を見せない人には、情報が入ってきません。大成功したものであっても失敗したものであっても、他人に見せることができる人のほうが、人や情報は集まってきます。

もちろん、農業といえど、知的財産の保護は重要です。

たとえば農業では、品種自体が知的財産です。

育種してできた品種は、何年もコストをかけているのが普通です。それを品種登録をすることで、育成者権が設定されます。他のところが勝手に作ることができない。自分たちしか作れないその品種が特別おいしいとか、安くたくさん作れるとか、長持ちするといった特徴があれば、競争優位性が生まれます。

それにさらに、どういうときにどんな温度にするとおいしくなるか、どういう環境整備をするとたくさん取れるかという（品種登録や特許化はできない）会社のノウハウを組み合わせることで、より一層、競合他社に対する優位性を築くことができます。

なお、農業技術は特許になりにくいと思っていてください。正確に言うと、技術は特許を取ると誰でも見られるオープンなものになってしまうため、保護がむしろできなくなってしまうのです。全国各地のどこかの農場で技術がパクられていても、見つけようがないですからね。ですから、他社に盗まれては困るノウハウに関しては、ブラックボックス化してしまうほうが多いです。

知的財産に関しては、僕たちの「ミガキイチゴ」のようにブランドを作って商標登録するケースもあります（たまに誤解されるのですが、ミガキイチゴは特定の品種の呼称ではないのです）。

ミガキイチゴは日本でも中国でもパクられていて、似て非なるものが流通しています。そういったものに対しては、弁護士を通じて抗議し、自分のブランドを守らなくてはいけません。なぜなら、ブランドを作るためにリスクマネー（固定費）をかなり投じているからです。そこに投資をしていない他の会社に流用されたら困りますよね。それに、品質の低いまがい物が出回ると、消費者に混同されて自分たちのブランド価値の低下にもつながります。価値のないブランドの模倣品は出てきませんから、そういう意味では市場に価値を認められた証ではありますが、パクリには断固として警告を出さなくてはいけません。

ややは話が脱線しますが、農家の所得が低い、立場が低いのは、歴史的に、契約社会の中できちんと商いをしてこなかったからだと思います。「今日は息子の運動会だから、キュウリ50本で約束していたのに出荷しなかった」となると、「この人たちは契約社会で生きていない。まともなビジネスができない」と見られてしまう。そうすると買い手が単価の約束ができなくなるので、契約栽培に対して慎重にならざるをえない。農家からすると市場に出すしか選択肢がなくなって、自分たちの首を絞めることになります。品種やブランドをパクる農家も同じで、「知財の意識が薄い、モラルの低い業界だ」と思わせ、農業界全体の地位を貶めているのです。

知財、契約を守ることが徹底されていけば、もう少し農業生産物の売るパワー、交渉力、業界としての信用度は上がっていくはずです。「農業だからやってみなきゃわからない」というのは通用しません。需要があるときに、注文があるときに、契約があるときにきっちり納められてこそ信用は付いてきます。

厳しいことを言いましたが、品種や商標といった知的財産権を侵害するようなものではないちょっとした情報は、出し惜しみせずにシェアしたほうがいいです。

農業界は、狭いながらも新しいプレイヤーも現れてきています。先輩農家だけでなく、そういう人たちがどういうことに取り組んでいるのかもウォッチしつつ、いろんな人といっしょにやっていきましょう。

第3部

モデルケースを見てみよう

～就農2年目・國中秀樹さんの場合～

実際に新規就農した人はどんなことに悩み、
どんな準備をしてはじめたのか。
「農業をはじめるための6つのステップ」にそって、リアルに語ってもらいました。

國中秀樹

分野：施設園芸単一品目＆露地野菜多品目

1972年、和歌山県生まれ。20年間のサラリーマン生活を経て就農。

新卒後、10年間は「億ション」や「リゾートマンション」などの高額な不動産を扱う仕事に従事。その後、奥様の実家が経営するスーパー銭湯の新店設立に伴い、転職。しかし、連日の夜遅くまでの勤務等で身体を壊したことをきっかけに2016年3月に和歌山県で就農した。

ステップ 1

農業をやる目的を言葉にする

前の仕事は、スーパー銭湯の店長をしていました。サービス業ということもあり、昼夜が逆転した生活を長い間送っていて、実際、家族の顔を数日見ないということもあったくらいです（笑）。なので、転職をする際には「今度の仕事では、子どもたちと接する時間が多く持てる仕事がいいのでは？」と妻からも言われていました。また、通勤に時間のかかる場所に勤務していたので、次はなるべく近場でできる仕事がいいなと考えました。

うちは、父の実家も母の実家も農家です。しかし、父はサラリーマンをしてきて、私が「農業」をはじめるということには大反対で、ケンカもしてきました。いまだに説得できていないのですが、就農して2年目にミニトマト栽培を開始して、売上額がグンと伸びはじめてからは、反対していた父も顔色が変わりはじめ、「良かったのかもしれんな」と言ってくれるようになってきました。

前職のお風呂屋さんでは、横のつながりを強化し、業界全体を盛り上げていこうという組織がありました。全国区の組織で、僕は関西エリア担当のポジションに就いて頑張っていたんです。農業の世界でもそういうところまでいければいいなぁという目標もあります。

ステップ
2

自分が望む生活スタイル（収入、時間の使い方）を決める

サラリーマンを辞めて転職しようと思ったとき、求人票を数多く見ましたが、自分の希望額と折り合う仕事はこのあたりにはありませんでした。しかしながら、家族と過ごす時間を増やすことで極貧生活になるのは申し訳ないと思っていたので、どうやって収入を確保していくかについていろいろ考えました。

最初のころは、知人とともに会社を興し、お風呂屋さんの経営をしつつ、畑仕事もすることを考えていました。お風呂屋さんで月収20万～30万円、畑仕事で10万円くらい稼げればいいかと。しかし、実際に畑仕事をしてみると、お風呂屋さんの仕事の時間の確保が厳しくなっていきまして。結局、農業の世界で独立し、最初は国から補助金をもらいながら生活していこうと、妻と相談して決めました。

和歌山県はミカンの産地です。父や母の実家はやはりミカン農家で、それぞれに跡取りがいます。僕も同じようにミカン農家になった場合、新規就農者向けの補助金の申請のときに、「出荷機材はどうするの?」等々、ややこしい説明が多くなるということで、僕は野菜農家になることを選択しました。ただ、近所では野菜農家が非常に少なく、はじめの

ころは本当にどうしようか悩みましたね。

就農初年度は、約1反の畑でナスの露地栽培を中心にやっていました。粗収益から経営費を引いた所得が、年間で70万円くらい。そこに、補助金の150万円を加えて合計で200万円ちょっと。だから、初年度は「最低でも月にあと10万くらいは家に入れないといけない」と思ってアルバイトもしていました。たまたま、近所のお風呂屋さんが「手伝いに来てくれへん?」と言ってくれたので、お世話になることにして。結局、夜は家にいる時間が減ることになってしまいました。

1年目は、冬場は1日8時間くらい、夏場にいたっては15時間くらい毎日働いていました。最初は何をするのもはじめてですから、本当にどんくさかった。周りが暗くなってからも頭にLEDライトをつけてナスを取っていましたね。怪しい人だったと思います(笑)。作りはじめてからわかったんですが、生産しているのに収穫しない、出荷しないというのはありえない。できている作物は取って出荷してお金にしないといけないんです。

労働時間に関しての考え方は人によると思います。僕の場合、休むのは性格的にムリだなと。でも、多少働く時間は長いですが、家族と過ごす時間も多くなりましたので、あまり気にならないですね。最近では、娘も出荷の手伝いをしてくれていて、「楽しい」と言ってくれるのが、うれしいです。

2年目は、ミニトマトの約1反を中心として、他にナスとニンニクをそれぞれ約1反。

売上はミニトマトが540万円、ナスが70万円、ニンニクが30万円くらいです。ナス、ニンニクに関してはまだまだですが、ミニトマトがうまくいきまして。「このままアルバイトを続けていると補助金に支障が出るので、農業以外の収入は減らしたほうがいいぞ」と言われたので、アルバイトは辞めました。だから、急に夜はヒマになったんです。これまで家にほとんどいなかった人が夜にいる時間が増えたので、息子からは「なんで毎晩、家におるん?」と言われています(笑)。

ステップ
3
作物・作型(育て方、こだわり)を考える

「農業次世代人材投資資金」の申請書を書くときに「収支計画は5年分必要になります」と言われ、具体的な数字はそのときに考えました。露地野菜を中心とした計画です。数字については、それまでアグリイノベーション大学校でひと通りは勉強してきましたが、なんのことやらわからないところも多々あって、インターネットを使って全国の野菜農家の経営指標を調べました。僕は素人同然なので、先輩農家の60%くらいの売上(経費は100%)で書きました。それでも初年度は下回る結果でしたね。

畑をはじめるときに、「和歌山で面白いことをやってる人って誰だろう?」とインターネットで調べたところ、栽培や販売の面では、七色畑ファームの河西伸哉さん、流通面では農業総合研究所の及川智正さんのおふたりに興味を持ちました。

僕がアグリイノベーション大学校に週末通うことになるきっかけになったのも、河西さんが講師をしていたことだったんです。河西さんは大学の後輩にあたる人物なんですが、僕と同じように「脱サラして、故郷でゼロからの就農をしている」というところに興味を持ちました。

農業総合研究所の及川さんは、奥様が和歌山出身ということもあって、和歌山に移り、就農。その後、いまの農業総合研究所を立ち上げて流通の仕事に携わっていらっしゃいます。「ゆくゆくは、農業総合研究所で出荷していこうかな」と考えていたら、在学中にアグリイノベーション大学校と農業総合研究所が提携したので、さっそくエントリーすることにしました。就農してからは農業総合研究所を中心に出荷しています。2年目からはじめたミニトマトも出荷しているのですが、あとで言いますけど、これが大成功でした。

前の仕事を辞めたあと、農業技術を勉強するために、当初は地元にある農業大学校に行くつもりでした。失業した際の職業訓練の制度を利用すれば、お金がかからないので。でも、アグリイノベーション大学校の受講説明会を聞きに行ったら、「こっちの学校のほうが僕には向いてるのかも」となって、結果お金がかかる学校を選んでしまいました(笑)。

講師の方々が魅力的なんです。農業技術に長けているだけではない方々との出会いは大きかったと思います。「農業技術や経営を学べる」ということよりも「人と知り合える」ということが、この学校の良いところなのかもしれませんね。

家庭菜園レベルでしたが、大学校在学中に、知人の借りた畑で仲間とともに葉物野菜を中心に作ったりもしました。野菜作りの練習も兼ねて、僕と知人で起業した会社のお風呂屋さんに卸せる食材を作ろうと考えたんです。でも、そのときの葉物野菜は、月に2万〜3万円ほどの儲けにしかならなかったですね。

のちに試算してみると葉物野菜だと1町歩、2町歩という大きな単位で作らないと採算が合わないとわかってきて（1町＝10反＝1万平米）。「そんなに大きい畑の管理ができるのだろうか？」という不安もありましたので、小さい面積でも収益の上がる果菜類にしようと考えるようになっていきました。それで、まずは大学校時代に教わったナスをはじめることにして。将来的には、より収益性の高いミニトマトを軸にしようと考えました。ただ、ナスとミニトマトはどちらもナス科の作物なので、同じ土地で作っていると連作障害が出てしまう。輪作をしていかないといけないという助言もいただき、ウリ科のキュウリも考えるようになっていきました。

葉物野菜を作っているときには、キャベツ、ブロッコリー、カリフラワー、白菜、レタスと栽培してきたのですが、ブロッコリーがいちばん上手に作れたので、それも。それから、僕の地元周辺は、ニンニクの隠れ産地なんです。全国5位くらい（とはいっても青森が圧倒的なシェアなんですが）なのでやることに決めました。栽培に関しては2年を経過して、ほとんどが失敗です。とくに、いまの売上の中心を占めるミニトマトをはじめるまでは本当にしんどかった。すべてのことがはじめてでしたから、とにかく学校で教わったことをひとつひとつ確認しながらでしたね。たぶん、実際に自分で作りはじめてみると、人それぞれに得手不得手があると思います。ですから、作りたい作物の中から得意であり、かつライフスタイルにあったものに絞られてくると思いますね。

ミニトマトについては、大学校に通っているとき、講師の方がおっしゃっていた「農業界では突き抜けないといけない」という言葉が、強く印象に残っていまして。就農1年目を過ごす中で「どうすれば突き抜けていけるのか？」と考えているときに、ミニトマトをはじめるきっかけとなったトマトハウスの話が舞い込んできたんです。

トマトハウスの家主さんは、もともとはバラの養液栽培をしていました（この業界では有名な方です）。でも少し前にお身体を悪くされて、ハウスを休ませていたんですね。そこに僕が脱サラして、農業をはじめたという話を聞いて「使ってみないか？」と声をかけてくださった。修繕費は１００万円ほどかかりましたが、家賃ゼロでハウスを使わせてもらっています。

僕は養液栽培の方法はまったくの無知でしたが、家主さんから教わりながらミニトマト栽培に取りかかりました。家主さんの知人のところにも、栽培方法の視察に行き、いまは家主さんと僕とで栽培管理を行っています（余談ですが、家主さんは「リハビリを兼ねてやるから、無報酬でいい」と言ってくれているんです）。家主さんも、ミニトマトの栽培ははじめてでしたが、バラ栽培の経験から毎日ミニトマトに触れ、「こうやったほうがいいなぁ」「バラのときはこうやったけど、ミニトマトでもたぶん同じような症状やから、次にこんな農薬しとかなあかんぞ」と、私が気づけないことも気づいて助言してくださるのが本当にありがたいです。

６次産業化は、いまは考えていません。自分の年齢と照らし合わせて考えてみても「間に合わない」かなと。それに、あれもこれもと考え出すと集中できない性格ですので、考えないようにしています。でも、廃棄してしまう割れトマトは、本当にもったいないとも思っていて。最近、知り合いの福祉施設の方々が、このような割れトマトを加工できないかと動きはじめてくれているので、「自分でやらなくても、チームでなら可能になるかも」という思いは少しだけ持っています。

この福祉施設の方々とは、妻がボランティアに行っていたときの縁で交流が生まれました。施設に農耕部があって、「見学しておいでよ」と言われ、手伝いに行ったことがきっかけとなって、仕事の面でもやりとりするようになったんです。僕の仕事の空き時間に、先方のハウスに行って栽培管理のお手伝いをしたり、僕のところのミニトマトの袋詰め作業を手伝ってもらったり。新しい取り組みもはじめようとしているところです。

ステップ
4
10年間の経営のビジネスプランを数字に落とし込む

認定新規就農者の申請の際には、該当エリアの役場担当者・県の担当者と対話しながら5年分の計画を立てていきます。僕はそれまでお風呂屋さんで店長をしていたので、数字を見てばかりの仕事をしてきました。ですので、計画を立てることは苦にはならなかったのですが、県の担当者の方がめちゃくちゃ厳しい方で（笑）。正直なところ、安易に考えている部分もあったのですが、いま思えば、厳しく接してくれる方がいてくれて良かったと思います。覚悟も決まりましたし。

新規就農したい人は、「どこで」「どんな」作物を選ぶかがとても大事なことだと思います。和歌山県下でも、市町村によっては、野菜中心で頑張っているエリアもあって、そのようなエリアでは新規就農の希望を出しても断られることがあるそうなんです。僕は一昨年に認定新規就農者になったのですが、僕が農業をするエリアで、この認定を受けたのは僕ひとりだけだったそうです。有田川町役場の担当者が非常に熱心な方で、こちらからの投げかけにいろいろと調べてきてくれるだけでなくて、どんどんアドバイスもしてくれて、本当にありがたかったですね。

また、大学校での学びも非常に大きかったように思います。卒業後、認定を受ける際に必要になる情報をサポートしてくれたおかげで、きちんとした申請書を書くことができるようになりましたから。

農地探しも、地域によって違いがあると思いますが、僕が仕事をしている有田川町ではそんなに苦労しなかったほうだと思います。まず、最初にJAの窓口に相談に行きました。その後、知り合い、知り合いと辿っていって。土地はいまのところすべて借りています。地代賃借料は、この地区では固定資産税＋水利費が相場だそうで、年間で1反あたり6000円程度ですかね。仮に10年間お借りしても5万〜6万円なので、借りるほうがメリットが多いように感じています。元々が田んぼだったりすると、水はけが非常に悪くて、野菜作りをしようとすればかなりの手間がかかってしまう畑もあります。お借りした以上、期間中は大切に管理させていただこうと考えているのですが、借りている土地なら、期間満了後により条件の良い畑に借り換えるということも可能ですからね。

2年目にミニトマトの売上が飛躍したのは、販路の選択が良かったということも言えます。農業総合研究所にミニトマトを出したら1キロあたり1000円。夏からずっとその値段です。大阪、兵庫、京都に出す際、売上の35％、関東方面だと40％が農業総合研究所と先方のスーパーの手数料となるのですが、それでも僕らにとっては利用する価値があると思いました。直接ユーザーとの取引ですので、いい価格で売ってくれます。この農業総合研究所の出荷は、出荷する側の僕らが値付けできますし、どこのスーパーにどのくらいの数量を出すのかも指示できるんです。うちは妻が値付けと重量を差配しているんですが、売上が悪いときなんかは「5グラム増やしてみよう。値段を10円下げてみよう」とか楽しみながらやっています。その代わり、売れなかったときのリスクもわれわれにあります。もちろん、集荷場には農業総合研究所のスタッフがいて、スーパー毎の相場のアドバイスも教えてくれるんですよ。いまのところは月にもよりますが、平均して出荷数の95％くらいは常に売れていますね。秋口にはほぼ100％売れていました。この状況なら、農業総合研究所メインでも十分、生活をしていけるかなと。いまのところは販路の心配はないかなと思っています。

ＪＡには部会もあるのですが、市場価格と比べて、農業総合研究所のほうが手取り額が多いので、入会を遠慮させてもらっています。また、車で2～3分のところには直売所もあって、登録も済ませてあるのですが、いまはほとんど出荷していません。以前に農業総合研究所での手取り額から算出した価格設定をして直売所に出品したのですが、まったく売れませんでしたので。

ただし、販路に関しては安心ばかりもしていられない状況もあるんですよ。２０１６年に農業総合研究所が一部上場を果たして、人気が上がり会員数が急激に増えはじめたんです。こういう場合、競争の原理が働いて、販売金額もだんだんと落ちてくることが予測できるので、徐々に違う販路も模索していかないとなぁと危惧しています。たとえば家主さんの知人の場合には、カゴメさんと提携して企業向けに出荷して、売上が安定していると聞いています。僕たちも味・形が安定してきたらそのようなところとも商談していきたいですね。

5年分立てた計画の2年目は順調に推移し、計画より上を行くことができるようになりました。それもあって「別にハウスを建ててしまわんか？」と声をかけてもらっていますが、5年目にあたる年に、5年目まで借りることのできる国の融資制度を使って投資をしようと考えています。

所得は、増やそうと思えば、2018年度は400万〜500万円程度のめどは立っています。3年目でそのくらいの所得は新規就農者としては相当いいですよね。なので、いまは多くなってしまう所得を先行投資の費用として使えないかと頭を悩ませています。今後必要になってくるであろう、ナスの支柱を買い増ししたり、ソーラーを使ってナスの自動灌水をする装置を買ったり、草刈りの労力を軽減するハンマーナイフという機材を買ったり。まさか、2年目で節税を考えるまでになれるなんて思いもしませんでした。

他にも、妻に専従者給与を払って経費計上するようにしました。僕の所得が100万円以内だと補助金は満額の150万円が支払われます。100万円を超える分に関しては、補助金と併せて250万円以内と定められています。ですので、無理のない先行投資をしつつ、これからも頑張っていきたいと思っています。

いまナスを栽培している畑の隣地には柑橘類を栽培している畑があって、話をしていると、「もう辞めたいんやけどなぁ」と言っていまして。この地で頑張っているところを見せ続けることができれば、近い将来、お借りすることが可能になると思います。合計で3反分くらいのハウスの建設が可能なんじゃないかと。そうなれば、全部で約4反分のハウスを使ってのミニトマト栽培ができるようになります。もし、いまの単価をキープできれば年間の粗収益で4000万円くらい、所得で1000万円も夢ではないのかもしれませんね。

ステップ
5

資金調達の方法

農業をはじめるにあたって家族で、手元資金は300万円と決めていました。ミニトマトが思っていたよりもずっといけそうな状況になってきて、見込みが立つようになってき

たので、設備投資は当初より増えてくるかもしれないです。

認定新規就農者として、政策金融公庫から上限で3700万円を無利息・無担保で借りることができるんです。その資金を使って2反分のハウスが建築できれば、売上2年分でペイできる計算になります。利息のつく3700万円の融資だとすごい借金をしたと思いますが、この資金の場合は、分割払いのリースのような感覚で利用できるかと。自己資金をあまり使わずに借りることができる分でハウスを2反分ほど建設できれば、今後もそれで生活はしていけるようになると思っています。

ステップ6 情報収集とネットワーク作り

アグリイノベーション大学校でのつながりが中心です。講師、卒業生、在校生等々。あとは、ハウスの家主さんをはじめ、知人の方々、行政の方にお世話になっています。アグリイノベーション大学校を運営するマイファームでは年に1度、卒業生向けのパーティを開催してくれます。必ず顔を出すようにしていて「最近どう?」と情報交換の場として参加しています。地元の方とのお付き合いだけだと、地元のことしかわからなくなるので。

意外と近くに目標となる人物がいるんですよ。先ほどお話しした七色畑ファームの河西さんは、キャベツをはじめとした露地野菜で売上高5000万円ほど。最近ではイチゴの観光農園にも着手されているようで「さらに売上高5000万円をプラスする」とのお話で。このようにスケールの大きい方ともアグリイノベーション大学校を通じて知り合うことができ、身近な目標とすることができるようになっています。

今後のことですが、課題は人手の確保ですね。いまは、妻と母、そして妻の知人ふたりに来てもらっていますが、規模を大きくしていくなら、さらに人手は必要になります。この地域は、ミカン農家の方が多く、晩秋から冬の季節は、収穫・出荷で大忙しのため、とくに人手の確保が難しくなるんです。常時働いてくれる人の確保、これが最大の課題ですね。たとえば、ミニトマトの場合には、収穫や袋詰め作業は、お世話になっている福祉施設の人たちで十分やっていけるのですが、誘引などの栽培管理のコアな部分をどう解決していくかですよね。

実は、最近体調を崩して1ヵ月ほど農作業ができないということがありました。年齢を重ねればムリはできなくなっていくと実感しましたね。自分の労働時間を増やさず、どうやって栽培面積、売上を積み上げていくかを最近では思案しています。

「将来はどんどん機械化して効率化もしていかないと」とか「いまはミニトマトが順調だけど、不測の事態に備えてリスク分散をどうしようか」などを思案する毎日です。（了）

単位：円

	7月	8月	9月	10月	11月	12月	合計
	1,081,339	2,032,807	0	1,188,814	815,772	520,476	6,473,293
	53,288	31,021	41,357	20,681	10,340	0	285,194
	0	0	750,000	0	0	0	1,500,000
	1,134,627	2,063,828	791,357	1,209,495	826,112	520,476	8,258,487

	0	243,832	69,040	0	9,900	0	324,966
	0	1,430	157,333	135,131	55,600	103,739	626,666
	18,913	4,464	25,350	12,655	0	0	75,739
	57,498	54,401	38,660	78,081	101,658	27,800	1,269,385
	17,717	165,019	60,345	50,897	36,899	165,591	636,030
	0	185,837	0	47,750	0	2,407	235,994
	4,630	0	0	8,509	17,892	0	38,924
	0	0	10,937	38,445	0	0	49,382
	14,757	83,043	11,944	7,873	0	0	202,122
	0	0	0	0	0	0	72,000
	0	0	699	23,544	0	0	37,653
	130,150	88,050	107,140	40,650	34,400	62,760	609,290
	0	150,000	150,000	150,000	150,000	150,000	750,000
	125,090	71,063	78,176	89,371	71,441	83,329	928,604
	0	339	216	432	108	432	1,851
	0	0	2,980	0	0	0	2,980
	368,755	1,047,478	712,820	683,338	477,898	596,058	5,861,586

	765,872	1,016,350	78,537	526,157	348,214	-75,582	2,396,901

就農２年目で農業次世代人材投資資金なしでも黒字になっているのが素晴らしい。しかも「費用」の項目にある「専従者給与」はご家族の労働に対する支払いですから、家計という意味では所得は約240万円＋75万円になります。補助金なしでの自立まであとひと踏ん張りですね。2018年以降も順調であれば給付金なしで十分に生活できるはず。（岩佐）

國中秀樹さんの2017年会計（就農２年目）

	勘定科目	1月	2月	3月	4月	5月	6月
売上	売上高	38,867	2,658	377,586	0	20,885	394,089
	雑収入	0	3	0	43,480	42,360	42,664
	農業次世代人材投資資金	0	0	750,000	0	0	0
	売上合計	38,867	2,661	1,127,586	43,480	63,245	436,753
費用	種苗費	0	0	1,038	1,156	0	0
	肥料費	0	2,860	2,980	17,592	1,504	148,497
	農薬費	1,480	0	7,560	0	4,324	993
	諸材料費	10,396	174,438	428,129	119,811	78,387	100,126
	動力光熱費	16,760	17,877	23,987	22,790	30,107	28,041
	減価償却費	0	0	0	0	0	0
	作業用衣料費	1,715	0	432	3,706	1,392	648
	農具費	0	0	0	0	0	0
	荷造運賃手数料	2,107	1,424	0	2,247	29,303	49,424
	地代賃借料	12,000	10,000	50,000	0	0	0
	修繕費	1,000	0	12,410	0	0	0
	雇人費	0	0	28,000	30,000	88,140	0
	専従者給与	0	0	0	0	0	0
	雑費	83,419	11,279	142,995	32,238	81,896	58,307
	支払手数料	0	0	0	0	0	324
	租税公課	0	0	0	0	0	0
	費用合計	128,877	217,878	697,531	229,540	315,053	386,360
	所得（売上－費用）	-90,010	-215,217	430,055	-186,060	-251,808	50,393

まとめ

10年間の経営計画表の書き方

さて、ここまで読んでいただいて、新規就農に対する疑問は解消されたでしょうか？

この本で書いてきたことを元にすれば、新規就農を希望されているみなさんも、10年間の経営計画を作ることができるはずです。

わからない部分は未完成でもいいので、あてずっぽうでいど埋めましょう。それを持って、市町村の農政課や県の普及指導センター、農協や先輩農家さんなどにアドバイスをもらいに行き、意見を聞きながら計画をブラッシュアップしていけば、就農まであと1歩です。

もっとも、この本で扱ってきたのは農業経営に関することに限られています。具体的な品目ごとの育て方についてはそれぞれ教科書がありますから、そちらを参考にしてください。農業技術の獲得には、農業大学校で学ぶことや、民間の農業法人による研修制度も有効です。

復習も兼ねて、最後に、ＧＲＡの新規就農研修で使っているＥｘｃｅｌシートを元に、どの情報がどこにあるのかを整理してみます。ここに書いた項目の数字をひとつずつ埋めるために、統計や経営指標を記したさまざまな資料を調べ、いろいろな人からアドバイスをもらう過程で、農業の先人たちの知恵を吸収できるでしょう。

調べたり、先達に教えてもらったりすることで、たんに販売価格や労働時間のめどが立つだけでなく、「この地域でこの作物・作型をするにはこういうことに気をつけないといけない」「こういう設備を作るにはこのくらいの費用がかかり、その設備だとこういうリスクがある」といったことがわかってきます。

逆に言えば「このセオリーから外れたことをやると、失敗する確率が上がる」「このくらい人手が必要だということをわかったうえではじめないと大変なことになる」といった落とし穴のありかがわかるのです。

もちろん、セオリーから外れたことがすべて間違っているわけではありません。人から直接「やめたほうがいい」とか「もう少し堅実な投資のほうがいい」と言われると、へこんだり、反発したくなったりする気持ちもわかります。ですが、その道のプロが何の理由もなく「こうしたほうがいい」とか「それは危ない」と助言することはないのです。専門家がまとめた資料や先輩農家の頭脳や目や手には、大事な情報が詰まっています。それを頼らない手はありません。

まずはセオリーを知ること、セオリーどおりできるようになる近道を手に入れることが、新規就農者には重要です。

では、項目をひとつずつ見ていきましょう。

単位：千円

	Y3	Y4	Y5	Y6	Y7	Y8	Y9	Y10
	60%	80%	80%	80%	80%	80%	80%	80%
	0	0	0	0	0	0	0	0
	1,500	1,500	1,500	0	0	0	0	0
	0	0	0	0	0	0	0	0
	0	0	0	0	0	0	0	0

借入金

項目	金額
設備借入	
運転借入	
合計	
①	
金利	●%
返済条件	
年間返済額	

（品目名）栽培事業　10年間の経営計画［ひな型］

圃場栽培面積		㎡
反収		kg
販売単価		円／kg

			Y0	Y1	Y2	
Ⓐ 売上（農業粗収益）	1	最大生産量（kg）	0			
	2	歩留まり率	0	60%	60%	
	3	生産量（kg）	0			
	4	平均単価（円/kg）	0			
		売上合計	0			
費用（農業経営費）	Ⓑ 5	種苗費				
	Ⓑ 6	肥料費	0			
	Ⓑ 7	農薬費	0			
	Ⓑ 8	諸材料費	0			
	Ⓑ 9	重油費	0			
	Ⓑ 10	電気代	0			
	Ⓑ 11	灯油代	0			
	Ⓑ 12	水道代	0			
	Ⓕ 13	修繕費	0	0		
	Ⓕ 14	減価償却費	0			
	Ⓕ 15	初期道具		0	0	
	Ⓒ 16	流通経費（輸送/梱包）	0			
	Ⓓ 17	土地賃借料				
	Ⓔ 18	人件費				
		費用合計				
Ⓖ 収入（農業所得）						
Ⓗ 支払金利（%）						
Ⓗ 経常利益						
Ⓗ 農業次世代人材投資資金			1,500	1,500	1,500	
Ⓗ 当期利益						
Ⓗ 繰越利益						
Ⓘ FCF						
Ⓘ 設備支払				0	0	
Ⓘ 銀行借入				0	0	
Ⓘ 借入金返済						
Ⓘ 現預金残高						
Ⓘ 借入残高						

設備投資・工事

単位：千円

項目	面積［㎡］	金額
Ⓕ 本圃		
Ⓕ 親株ハウス		
Ⓕ 育苗ハウス		
Ⓕ 造成		
Ⓕ 水道・電気工事等インフラ整備		
Ⓕ 選果室・資材置き場		
合計（税抜）		
合計（税込）		
	減価償却期間●●年	

Ⓐ 売上（農業粗収益）1〜4

まずは売上（農業粗収益）からです。

売上高に関わる最大生産量、歩留まり率、生産量は、Ｇｏｏｇｌｅなどの検索サイトで「作りたい品目名（リンゴ、イチゴ、ジャガイモなど）　生産量　統計」と入れると、農林水産省の統計が出てきます。

地域別に知りたければ「品目名　生産量　○○県　統計」と入れれば出てきます。

平均単価についても「品目名　市場単価」と入れて、各県、農水省、各卸売市場のデータを調べましょう。

何を、どこで、どの作型で作りたいのか？　露地栽培か、施設栽培か？　の候補はいくつか持ち、それぞれ試算しましょう。

同じ品目でも売上、費用の相場が産地ごとに違います。作りたいものが複数あるなら、それぞれについて調べてください。数字を調べるうちに「これがいいかも」と思いつくこともあります。

また、歩留まり率は、農業技術が身につくまでの期間（就農から3年くらい）は平均の6掛けていど、それ以降は8掛けていどに、低く見積もっておいたほうが無難です。

Ⓑ 5 種苗費 6 肥料費 7 農薬費 8 諸材料費 9 重油費 10 電気代 11 灯油代 12 水道代

続いて費用（農業経営費）です。

種苗費などは「品目名　経営指標　〇〇県」と入れると、まとめてわかります。

もちろん、種や苗は相場より安く売っている会社もあります。いざはじめる前には、よりしっかりと調べ、安く、良いものを仕入れましょう。

Ⓒ 16 流通経費（輸送／梱包）

収穫したものを梱包したり、輸送したりするコストのことです。

これは、販路が決まらないと確定しません。

農協を使って市場に出すのか、農協を使わず市場に出すのか、あるいは直売所か、特定のスーパーに出すのか、などによって変わってきます。

それぞれがいくらくらいかかるのかは、やはり農政課や普及指導センター、先輩農家などに聞いてみてください。どこに出すのかによって、軽トラック1台でいいのか、もっと大規模な輸送手段が必要なのか、それにかかる時間はどれくらいなのかも変わってきます。自前で遠くに輸送する販路は、金銭的なコストの支払いは大丈夫でも、時間的にムリなこともありますから、注意しましょう。

Ⓓ 17 土地賃借料

農地を借りた場合にかかる費用です。相場を調べるには「地域名（○○県○○市、○○町など）　農地　賃借料　相場」と検索すれば出てきます。

ただし、事前に想定している大きさの土地をジャストで借りられることはまれだと思います。農地の大きさは収穫量・出荷量にも関わる重要な部分ですが、あるていどの幅を持って考えておいたほうがいいでしょう。

Ⓔ 18 人件費

人を雇う場合には人件費がかかります。

人を雇わないとできないかどうか、何人必要なのかは作物・作型の労働強度、労働時間によります。

また、作物・作型、それから販路によって年中フルタイム（月〜金で1日8時間くらい）で必要なのか、収穫時期だけに必要なのかも違います。

労働時間の相場や、どの時期に人手が必要になるのかは「品目名　農家　労働時間」で検索してください。農水省や各県のデータがわかります。

その地域の人件費のリアルな相場や、人手が集まりやすいかどうかは、農政課や先輩農家がよく知っていると思いますから、相談してみてください。

もしも、どうしても人手が必要なのに人の確保が難しそうであれば、人件費ではなく設備投資によって省力化できないか？　とか、人手がいらないけれどもその土地、土壌で同じくらい稼げる作物・作型はないか？　といったことを検討してみましょう。

Ⓕ 13 修繕費　14 減価償却費　15 初期道具　設備投資・工事

やりたいことに対して、設備関係や農具（トラクター）の投資がいくら必要かも「品目名　経営指標」で検索すれば相場がわかります。

ただし、たとえばハウスは農地の形や大きさ、どんな機能を付けるかで値段や維持費が大きく変わってきます。現地の業者を何社か調べ、相見積もりを取るといいでしょう。そのとき、修繕費の相場も聞くといいと思います。

その設備の減価償却が何年でするものなのかは、業者、税理士、農政課などに聞いてください。減価償却については法律で定められており、耐用年数などが変わることがあります。公的な機関や税金のプロに聞くのが無難です。ネット上の情報だと古い情報、または間違った情報になる可能性があるので注意しましょう。

Ⓖ 収入（農業所得）

売上と費用の試算ができれば、収入（本業の収支。企業で言う営業利益）の試算ができます。

先に掲載した國中秀樹さんの収支表（198〜199ページ）では年間最大150万円を最長5年もらえる農業次世代人材投資資金も「売上」に組み込まれていましたが、これは考え方次第ですね。給付金を「売上」（農業粗収益）に入れてしまうと、本業である農業自体の収支がどうだったのかが見えにくくなってしまうので、弊社のExcelでは売上の項目からは分け、「経常利益」と「当期利益」の間に置いています。

ちなみに法人の場合（または個人事業主から「法人成り」をした場合）、給付金はもらえません。

Ⓗ 支払金利 経常利益 農業次世代人材投資資金 当期利益 繰越利益

営業利益（本業の収支）から支払金利を引いたものを「経常利益」としています。

支払金利は借入金（Iの項目）に応じて発生します。

新規就農者の借入金の多くは「認定新規就農者」になったあとで政策金融公庫から借りる、というものでしょう。

認定新規就農者とは、農業経営を開始してから5年後の目標や必要となる施設・機械についてまとめた就農に関する計画を市町村に提出し、その計画が認定された新規就農者のことです。

借入金がいくら必要になるかは、10年の事業計画を立て、自己資金で足りないお金がいくらかによって決まります。

なお、認定新規就農者になれるかどうかは都道府県の普及指導センターの判断が大きいです。ご自身の農業経験（研修年数など）と事業計画を普及指導センターとかけあって、認定をもらってください。認定を申請する過程で、資金計画についても詳細に詰めることになるはずです。

そして認定を受けたら公庫を紹介してもらい、公庫の担当者と、いくら借りて何年計画で返すのかを詰めてください。

基本的には認定新規就農者が公庫から融資を受ける場合は無利息無担保のはずですが、他の借入先を選んだ場合には、金利が発生することになります。

そしてそこに農業次世代人材投資資金（補助金）を加えたものを「当期利益」としています。

① 会計上の利益だけでなく、キャッシュ（現預金）の動きも把握する

このFCF、設備支払、銀行借入、借入金返済、現預金残高、借入残高の項目は何かというと、現金の動きを把握するための項目をまとめています。

設備投資は、投資をした年に「設備支払」という形で現金が出ていきますが、会計上の

「費用」として計上されるのは翌年から分割で7～10年ほど（農業関係の場合）になります。

つまり、会計上の利益（経常利益、当期利益）だけを追っていくと、会社にあるキャッシュ（現預金）の残高と食い違いが生じます。

違いがあると何が問題か？

会計上は黒字だけれども手元に現預金（運転資金、運転資本）が足りないので、たとえば輸送費やパートの方への人件費等々が払えないといったことが生じます。いわゆる黒字倒産は、このようにしてキャッシュが尽きたことによって起こります。

ですから、会計上の損益とは別に、キャッシュの動きも試算、把握しておく必要があります。

「キャッシュが尽きそうだぞ」という予測が立つのであれば、当座の事業を回していくために必要な資金（運転資金、ワーキングキャピタル）を確保するべく、資金繰りの手段を検討しなければなりません。

では具体的にどう計算するかを見ていきましょう。

「FCF」はフリー・キャッシュフローの略です。キャッシュフローというのは現金の流れ、動きのことです。FCFは、「会社が自由に使えるキャッシュのこと」と定義されています。

ＦＣＦは、営業活動に関係するキャッシュフロー（営業キャッシュフロー）と、投資活動に関するキャッシュフロー（投資キャッシュフロー）を足したものです。「足す」と言っても、投資キャッシュフローは普通はマイナスです。設備でもなんでも、投資すれば普通はお金が出ていくからです。ですから、よりわかりやすく言うと「本業で稼いだお金から、投資に使ったお金を引いたもの」です。

この項目では、実際の現預金がいくらあるのかが重要です。ですから、厳密な意味での本業の利益（営業利益）ではなく、もろもろひっくるめた「当期利益」がベースになります。「野菜や果物を売って稼いだお金だろうと、補助金だろうと、キャッシュはキャッシュだ」というのがＦＣＦというものの考えです。

当期利益に減価償却費をプラスしたものがＦＣＦです。

繰り返しになりますが、減価償却費は会計上「費用」として毎年分割で計上されていきます。しかし、設備投資の費用はそれよりも前に出ていっています。つまり毎年「費用」としてカウントはされていますが、現金は出ていかないのです。

ですから、当期利益（もろもろの売上から費用を引いたもの）に減価償却費（費用として計上されているが実際には現金は出ていっていないもの）をプラスしたものが、事業に関係する現預金の動きを示すＦＣＦとなります。

ＦＣＦはちょっとややこしいですが、あとの項目は簡単です。
「設備支払」は、設備を支払った年に計上します（現金が減ります）。
「銀行借入」は、借りた年に計上します（現金が増えます）。
「借入金返済」は、借入金の返済額をその年ごとに計上します（現金が減ります）。

ＦＣＦ、設備支払、銀行借入、借入金返済を合算すると、現預金残高および借入残高がわかります。これで資金繰りがショートするような計画であれば、計画をし直すか、どうにか資金調達して、黒字のまま資金ショートしない方法がないかを考えましょう。

なお、このＥｘｃｅｌシートでは税金の項目が入っていません。税金は確定申告のさいに税理士さんや相談した窓口（農協の方など）の専門家に相談してください。

所得税は農業所得に対してかかります。個人事業の場合、家賃、交通費、通信費、会議費などの「間接費」の金額の大きさによって農業所得が大きく変化する可能性があります。間接費を農業経営費の中に入れると農業所得は下がり、支払う税金の額が下がります。入れなければ所得は上がり、税金の金額も上がります。その点に注意しておけば、まずは十分でしょう。

●計画と実際は違うが、だからこそ試算が必要

さて、これで10年分の収支計画を立てるための情報のありかはわかったはずです。実際に計画を作り、農政課や普及指導センター、農協、先輩農家さんから助言を受けたり、実際に借りられそうな農地や設備投資の見積もりと自分の懐具合などと相談しながら修正をして完成させたら、就農まではあと1歩です。

もちろん、実際に農業をはじめれば、計画と違うところが出てくるでしょう。どんな仕事でもそうであるように、農業においても、日々、大小さまざまなトラブルは起こり、失敗することもあります。トラブルやミスに立ち向かい、数字を修正しながら、PDCAサイクルを回してください。

計画と差異が出たからといって、計画したことはムダにはなりません。事前に計画を立てていなければ、どこがどうズレたのか、そしてそのズレが重要なものなのか、たいしたことがないものなのかもわからないからです。重要なズレというのは、売上や費用を大きく左右するズレです。

どの項目が経営上、重要なファクターなのかを知らないということは、この先、収支を良くするためのアイデアを検討する基準もないということです。

そんな状態でいくら「こういうことをやったらどうか」と考えても、基準がなければ、

何が良さそうな打ち手なのかがわかりません。トラブルに対して有効な打ち手なのか、次年度の利益を向上させられる打ち手なのかを検討するには、数字を元に試算するしかないのです。

また、中長期の計画を立てておくことで「公庫からの借入金が3700万円……返せるだろうか?」とか「初期投資にかける自己資金が1200万円……本当に回収できるだろうか?」といった、目先の金額の大きさに惑わされにくくなり、「毎年これくらい稼げば大丈夫」という見通しがつきます。撤退を決断したシイタケ農家の方(155ページ)のように、本当にまずいと判断したときには、早期に撤退する決断もしやすくなります。

逆に、チャンスが来たときにアクセルを踏み込んで大型投資をするという決断も、どんぶり勘定を元に勘で判断するのでは、危険すぎます。

しかし、種苗費や重油費まで細かく計算し、手触り感のある数字を元に計画を立てられれば、不安は減り、確度の高い意思決定ができるようになります。

農業経営の世界へようこそ!

岩佐大輝（いわさ・ひろき）

1977年、宮城県山元町生まれ。株式会社GRA代表取締役CEO。大学在学中に起業し、現在日本およびインドで6つの法人のトップを務める。

2011年に発生した東日本大震災で大きな被害を受けた故郷・山元町の復興を目的にGRAを設立。先端施設園芸を軸とした「地方の再創造」をミッションに掲げ、イチゴビジネスに構造変革を起こして地域をブランド化、ひと粒1000円の「ミガキイチゴ」を生み出す。2014年、「ジャパンベンチャーアワード」（中小機構主催）で「東日本大震災復興賞」、2015年、「ふるさと名品オブ・ザ・イヤー」（内閣府後援）で「ミガキイチゴ・ムスー」が「地方創生賞」（大賞）を受賞。GRAの取り組みは、小学6年生用の教科書『新編 新しい理科6』（東京書籍）で紹介された他、多数のメディアから注目を集めている。また、2014年より新規就農者に対してイチゴの栽培設備の設計・導入から栽培、収穫物の販売までの包括的な営農支援サービスを提供する事業をスタート。国内の農業の担い手を育成し、後継者不在問題の解決に尽力している。著書に『99％の絶望の中に「1％のチャンス」は実る』（ダイヤモンド社）、『甘酸っぱい経営』（ブックウォーカー）。

絶対にギブアップしたくない人のための成功する農業

2018年3月30日　第1刷発行
2023年7月30日　第6刷発行

著者　岩佐大輝
発行者　宇都宮健太朗
発行所　朝日新聞出版
〒104-8011　東京都中央区築地5-3-2
電話　03-5541-8832（編集）
03-5540-7793（販売）
印刷製本　三永印刷株式会社

Published in Japan by Asahi Shimbun Publications Inc.
ISBN978-4-02-251515-5
定価はカバーに表示してあります。